# BEI GRIN MACHT SICH IHR WISSEN BEZAHLT

- Wir veröffentlichen Ihre Hausarbeit, Bachelor- und Masterarbeit

- Ihr eigenes eBook und Buch - weltweit in allen wichtigen Shops

- Verdienen Sie an jedem Verkauf

Jetzt bei www.GRIN.com hochladen und kostenlos publizieren

**Bibliografische Information der Deutschen Nationalbibliothek:**

Die Deutsche Bibliothek verzeichnet diese Publikation in der Deutschen National-
bibliografie; detaillierte bibliografische Daten sind im Internet über http://dnb.d-
nb.de/ abrufbar.



**Impressum:**

Copyright © 2012 GRIN Verlag
Druck und Bindung: Books on Demand GmbH, Norderstedt Germany
ISBN: 9783668897281

**Dieses Buch bei GRIN:**

https://www.grin.com/document/455650

Lee Kirsten

# Untersuchung der elektrischen Eigenschaften ausgewählter organischer Halbleiterstoffe zur Herstellung organischer Feldeffekttransistoren

GRIN Verlag

Lee-Norman Kirsten

Untersuchung der elektrischen
Eigenschaften ausgewählter organischer
Halbleiterstoffe zur Herstellung
organischer Feldeffekttransistoren

Investigation of the electrical
characteristics of selected organic
semiconductor materials for the fabrication
of organic field effect transistors

# Inhaltsverzeichnis

# Abbildungsverzeichnis

# Häufige verwendete Formelzeichen und Abkürzungen

| | |
|---|---|
| ANT | Anthracen |
| $C'_{ox}$ | Oxidkapazität pro Fläche |
| $d_{ox}$ | Schichtdicke des Isolators |
| $g_m$ | Steilheit |
| HOMO | Highest Occupied Molecular Orbital |
| $I_{DS}$ | Strom von Source- zur Drainelektrode |
| $l$ | Kanallänge |
| LUMO | Lowest Unoccupied Molecular Orbital |
| MOSFET | Metall-Oxid-Silizium-Feldeffekttransistor |
| $n$ | Steigung |
| OFET | Organischer Feldeffekttransistor |
| PPTTPP | 5,5-Di(4-biphenylyl)-2,2-bithiophen |
| RFID | Radio Frequency Identification |
| Si | Silizium |
| TFT | Thin-Film-Transistor (Dünnschichttransistor) |
| TIPSANT | 9,10-Bis[(triisopropylsilyl)ethynyl]anthracen |
| $U_{DS}$ | Spannung zwischen Drain- und Sourceelektrode |

$U_{GS}$ — Spannung zwischen Gate- und Sourceelektrode

$U_{Th}$ — Thresholdspannung (Einsatzspannung)

Upm — Umdrehungen pro minute

$\omega$ — Kanalweite

$\varepsilon_0$ — Dielektrizitätszahl des Vakuums

$\varepsilon_{ox}$ — relative Dielektrizitätszahl von Siliziumoxid

$\mu_{sat}$ — Ladungsträgerbeweglichkeit im Sättigungsbereich

$\mu_{wid}$ — Ladungsträgerbeweglichkeit im Widerstandsbereich

# 1. Einleitung

## 1.1. Motivation

Die Entwicklung und Verbesserung von Metall-Oxid-Silizium-Feldeffekttransistoren (MOSFETs) ist seit der Entdeckung des Feldeffektprinzips stetig vorangetrieben worden. Unter dem Feldeffektprinzip versteht man die Beeinflussung der Ladungsträgerverteilung durch das elektrische Feld einer angelegten Spannung an die Steuerelektrode eines Feldeffekttransistors. Die physikalischen Vorgänge und Abläufe in einem MOSFET sind heutzutage größtenteils bereits erforscht und bekannt. Aufbauend auf diesem Wissen werden seit den 1970er Jahren auch die Eigenschaften und Verwendungsmöglichkeiten sogenannter organischer Feldeffekttransistoren (OFETs) weiterentwickelt und untersucht.

Im Jahr 2000 erhielten ALAN J. HEEGER, ALAN G. MACDIAMIRD und HIDEKI SHIRAKAWA für die Entdeckung der elektrischen Leitfähigkeit von spezifischen Polymeren den Nobelpreis im Bereich Chemie [1]. Dies unterstreicht die Wichtigkeit dieses Forschungsgebietes.

Verglichen mit einem MOSFET weist ein OFET deutliche Vorteile bezüglich Materialkosten und Herstellungsaufwand auf. Diese Feststellung leitet sich daraus ab, dass für die benötigte hohe Reinheit klassischer Halbleiter wie Silizium und Galliumarsenid aufwendige Prozesse zum Einsatz kommen [2]. OFETs können hingegen oftmals bei weit geringerer Temperatur und Umgebungsanforderung hergestellt werden. Einige Polymere eignen sich beispielsweise auch für die Inkjetmethode, also das Aufdrucken des organischen Halbleiters, auf geeignetes Trägermaterial. In diesem Zusammenhang sei die Entwicklung von druckbaren Solarzellen erwähnt, die zwar bisher nur einen Wirkungsgrad von 5 % und eine geringe Lebensdauer aufweisen, aber eine wichtige Ergänzung zu kommerziellen anorganischen Solarzellen darstellen [5].

Des Weiteren ist das Anwendungsspektrum für auf Polymeren, oder umgangssprachlich Plastik, basierende Transistoren breiter gefächert. Bereits seit längerer Zeit können OFETs, im Gegensatz zu MOSFETs, zum Beispiel auf flexiblen Strukturen (Folien etc.)

verwendet werden. Denkbar sind in dieser Hinsicht faltbare Bildschirme oder die bereits realisierte Verwendung von OFETs als aufklebbare Barcodes [3]. Zum Einsatz kommen zur Zeit ebenfalls schon sogenannte RFID-Tags, die der Präsenzerkennung dienen und beispielsweise für den Diebstahlschutz, Echtheitsnachweise usw. benutzt werden können [4]. Bereits entwickelt wurden außerdem einfache digitale Schaltungen, die zwar deutlich unterhalb der Umsetzungsrate von MOSFETs arbeiten, aber in der Lage sind einfache Prozesse, wie das Shiften von Bits, auszuführen [3].

Doch trotz dieser Vorteile weist die OFET-Technologie bisher noch einen Nachteil gegenüber den etablierten MOSFETs auf: Die geringere Ladungsträgerbeweglichkeit, welche die Einsatzmöglichkeiten eines OFETs bisher noch stark begrenzt. Zum Vergleich: Die höchste bisher erreichte Ladungsträgerbeweglichkeit eines organischen Halbleiters (Pentacen) liegt im Bereich $3,0\ cm^2 V^{-1} s^{-1}$, während die Ladungsträgerbeweglichkeit von kristallinem Silizium fast drei Größenordnungen darüber liegt [6]. Die Umsetzung von hochfrequenten digitalen Schaltungen mit Hilfe von OFETs ist beispielsweise nicht möglich, da das langsame Schaltverhalten die Effektivität und Umsetzungsgeschwindigkeit herabsetzt.

Die Ladungsträgerbeweglichkeit in anorganischen Halbleitern ist naturgemäß im Vergleich zu einem organischen Halbleiter höher, da sich die Elektronen bzw. Löcher in der Kristallstruktur von beispielsweise Siliziums freier bewegen können. Selbst bei einer hohen Dotierung ist die Beweglichkeit in Silizium eine relativ fixe Größe, da die Fremdatome nur einen geringen Teil des Halbleiters ausmachen. In einem organischen Halbleiter hingegen müssen erst die strukturellen Gegebenheiten, wie weiter unten beschrieben, vorhanden sein, um eine hohe Ladungsträgerbeweglichkeit zu ermöglichen. Die Struktur von Polymeren erlaubt eine hohe Anzahl von chemischen Kombinationen mit anderen Stoffen, die die unterschiedlichsten Eigenschaften hervorrufen. Aufgrund dieser Tatsache ist man immer wieder auf der Suche nach neuen Materialkombinationen im Bereich der OFETs.

## 1.2. Ziel

Es bleibt die Beantwortung nach der Frage der Verwertbarkeit von verschiedenen organischen Halbleitern in OFETs zu klären. Ziel dieser Arbeit ist es, verwendbare Alternativen zu den bisher im Labor der Elektronikprofessur der HSU zum Einsatz gekommenen organischen Halbleitern aufzuzeigen und existierende Kenntnisse zu bestätigen.

Unter de bisher zum Einsatz gekommenen Halbleitern ist vor allem Pentacen hervorzuheben, da die derzeitig höchsten erzielten Ladungsträgerbeweglichkeiten auf Versuche mit diesem organischen Halbleiter zurückzuführen sind. Die Ergebnisse aus Versuchen mit OFETs nach Kapitel 5.3, die unter Verwendung von Pentacen hergestellt wurden, sind deshalb in der vorliegenden Arbeit als Orientierungsmaß betrachtet worden.

# 2. Grundlagen

## 2.1. Ladungstransport in organischen Halbleitern

Der Ladungstransport in klassischen, auf Silizium basierenden, MOSFET-Strukturen ist zurückzuführen auf die Kristallstruktur von Silizium. Durch Dotierung mit geeigneten Atomen gelingt es, die elektrischen Eigenschaften insofern zu beeinflussen, dass p- bzw. n-leitende Transistoren hergestellt werden können. Unter der Dotierung eines Halbleiters versteht man den Einbau von Fremdatomen, um zu erreichen, dass in einem Halbleiter mehr Elektronen oder Löcher vorhanden sind als dies ohne Fremdatome der Fall wäre. Hierdurch wird eine Dominanz einer gewünschten Ladungsträgerart erzielt. Die Theorie dieser Art von Transistoren ist bereits sehr weit erforscht und weitestgehend bekannt [10].

In Hinblick auf OFETs greift dieser Ansatz jedoch nicht mehr. Der Ladungstransport findet auf anderem Wege statt, es kommen andere Effekte zum Tragen. Der Schlüssel liegt bei organischen Halbleitern in deren Aufbau und den Verbindungen innerhalb des Moleküls. Grundlage eines organischen Halbleiters sind Kohlenstoffverbindungen, welche der Grund für das geringe charakteristische Molekulargewicht sind. Des Weiteren weisen die Polymere sogenannte konjugierte Doppelbindungen auf, welche die nötige Stabilität der Moleküle garantieren [7]. Durch Reduktion und Oxidation kann die Struktur von organischen Halbleitern so modifiziert werden, dass sie elektrisch leitend wird. Im Englischen existiert dafür die Bezeichnung 'Doping' [1].

Um den Vorgang des Ladungstransportes in organischen Halbleitern zu verstehen, ist es unvermeidbar auf die Grundlagen des Orbitalmodells einzugehen [7]. Basierend auf dem Bohrschen Atommodell, der Heisenbergschen Unschärferelation und der Schrödingergleichung entsteht zum Beginn des 20. Jahrhundert ein bis heute gültiges Atommodell. Auf Grundlage dieses Modells wird jedem Atom eine spezifische Kombination aus Haupt-, Neben- und Magnetquantenzahl zugeordnet, anhand der das Atom eindeutig identifiziert werden kann [7]. Die Quantenzahlen dienen zur Charakterisierung der möglichen Energiezustände eines Elektrons in der Hülle eines Atoms. Die Hauptquantenzahl $n$ gibt an, zu welcher Hauptenergiestufe (oder Elektronenschale) das Elektron gehört. Damit ist eine erste Näherung bezüglich des Energiezustandes des zu untersuchenden Elektrons verbunden. Die Nebenquantenzahl $l$, auch als Drehimpulsquantenzahl bezeichnet, beschreibt die nächstkleinere Energieunterteilung innerhalb der durch die Hauptquantenzahl festgelegten Energiebereiche und bestimmt die Form des Orbitals. Die Magnetquantenzahl $m$ legt schließlich eine weitere Unterteilung der Nebenquantenzustände fest, des Weiteren bestimmt sie die Lage des Orbitals zu einer frei wählbaren z-Achse [7]. Hieraus kann, unter der Voraussetzung, dass keine Energie hinzugeführt wird, abgelesen werden wie sich die Elektronen auf die Orbitale verteilen.

Rein graphisch sind Atome so darzustellen, dass - nach der Heisenbergschen Unschärferelation - den Elektronen kein fester Ort zugewiesen wird, sondern ein Bereich, welcher als Orbital bezeichnet wird, in dem die Aufenthaltswahrscheinlichkeit am größten ist. Mit steigender Hauptquantenzahl $n$ (Ziffer der Atomschale) steigen die Freiheitsgrade, es können mehr Orbitale pro Schale belegt werden. Die Orbitale gehorchen dem Pauli-Prinzip, wonach in einem Atom keine zwei Elektronen existieren können, die die gleichen vier Quantenzahlen aufweisen können [7]. Die vierte Quantenzahl ist die Spinquantenzahl, die angibt in welche Richtung sich ein Elektron um eine, durch seinen Mittelpunkt gehende, Achse dreht. Es existieren nur zwei Spinrichtungen, deshalb können in einem Orbital auch nur maximal zwei Elektronen existieren, die sich, bis auf die Spinquantenzahl, nicht unterscheiden.

Kohlenstoff besitzt 6 Elektronen und die ersten zwei Elektronen werden auf die innere Atomschale, die nur aus dem $1s$-Orbital besteht, verteilt. In der zweiten Schale wird ebenfalls das $2s$-Orbital aufgefüllt, außerdem werden die verbleibenden zwei Elektronen auf die zusätzlich vorhandenen $2p_x$- und $2p_y$-Orbitale verteilt. Die Indizes $x$ und $y$ bezeichnen in diesem Fall die Raumausrichtung der Orbitale.

Führt man einem einzelnen Kohlenstoffatom Energie (z.B. in Form von Wärme) zu, so entstehen vier sogenannte $sp^3$-Hybridorbitale, die in einer tetraedrischen Anordnung vorliegen, gleichwertig sind und Einzelbindungen eingehen können. Jedes Kohlenstoffatom besitzt dementsprechend vier verwendbare 'Anschlussstellen' zu anderen Atomen. Erhöht sich die Energiezufuhr, so entstehen drei $sp^2$-Hybridorbitale in einer Ebene und ein $p$-Orbital senkrecht zur Ebene, denn durch die zusätzliche Energie erreicht ein Elektron das nächsthöhere Energieniveau (in diesem Fall das $p$-Orbital). Verbinden sich zum Beispiel zwei Kohlenstoffatome, so können eine $\sigma$-Bindung aus je einem $sp^2$-Hybride eines einzelnen Kohlenstoffatoms und eine $\pi$-Bindung aus den senkrechten $p$-Orbitalen beider Atome entstehen. In diesem Fall werden beide Verbindungen zusammen auch als Doppelbindung bezeichnet. An dieser Stelle muss festgehalten werden, dass auch durchaus Einzel- oder Dreifachbindungen zwischen Kohlenstoffatomen existieren. Eine $\sigma$-Bindung stellt eine starke atomare Verbindung dar, während $\pi$-Bindungen, aufgrund der größeren räumlichen Ausdehnung der 'Elektronenwolke', schwächer sind [7].

Abbildung 2.1.1.: links: $sp^3$−Hybrid, rechts: $sp^2$−Hybrid

Die verbleibenden zwei $sp^2$-Hybride eines Kohlenstoffatoms erlauben zwei weitere Einfachbindungen, da aufgrund des fehlenden $p$-Orbitals keine weitere $\pi$-Bindung mehr möglich ist (insofern keine weitere Energie investiert wird), bestehend aus einer $\sigma$-Bindung beispielsweise zu einem weiteren Kohlenstoffatom und einer Verbindung zu einem Wasserstoffatom. Der Wechsel zwischen Einfach- und Doppelbindung zwischen Kohlenstoffatomen stellt einen Teil der sogenannten konjugierten Doppelbindung dar. Eine vollständige konjugierte Doppelbindung definiert sich über eine chemische Struktur, bei der zwei Doppelbindungen durch eine Einfachbindung getrennt werden.
Es sei an dieser Stelle vor allem der Benzolring, siehe auch Abbildung 2.1.2, erwähnt, da anhand dieser chemischen Struktur besonders gut die konjugierte Doppelbindung zu erkennen ist. Viele organische Halbleiter bauen auf dem Benzolring auf. Des Weiteren ist es möglich mithilfe des Benzolringes zu erkennen, dass die chemische Struktur nicht fest ist: Die Doppelbindungen sind verschiebbar. Begründen lässt sich dies mit der ungenauen Lokalisierung der Elektronen in der 'Elektronenwolke' der $\pi$-Bindung. Diese $\pi$-Elektronen lassen sich nicht mehr nur einer Bindung zuordnen [7].

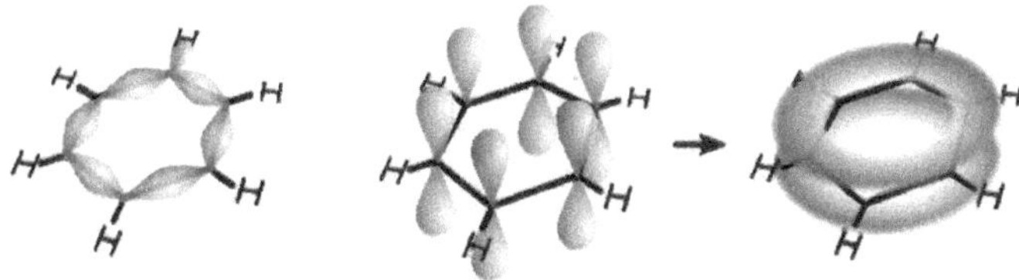

Abbildung 2.1.2.: Benzolring

Abbildung 2.1.3.: links u. Mitte: $sp^2$-Hybride,rechts: delokalisierte $\pi$-Bindungen nach [8]

Um den Ladungstransport in organischen Halbleitern zu verstehen, kann das bekannte Bändermodell für anorganische Halbleiter nicht herangezogen werden, da es sich bei organischen Halbleitern meist um amorphe (nicht kristalline) Materialien handelt.
Werden Orbitale mit Elektronen besetzt, so werden zunächst die energetisch niedrigsten Orbitale gefüllt. Analog zum Valenzband in anorganischen Halbleitern existiert in organischen Halbleitern das sogenannte HOMO (Highest Occupied Molecular Orbital) und vergleichbar mit dem Leitungsband das sogenannte LUMO (Lowest Unoccupied Molecular Orbital) [7].
Ein Ladungstransport in organischen Halbleitern setzt die Injektion von Ladungsträgern voraus, wobei negative Ladungsträger im LUMO und positive Ladungsträger im HOMO landen. In diesem Zusammenhang spricht man auch von einem bänderähnlichen Ladungstransport. Der Prozess des Ladungstransportes in organischen Halbleitern ist aber damit noch nicht ausreichend beschrieben. Nach dem sogenannten Hopping-Modell sind ebenfalls Ladungsträger im organischen Molekül des Halbleiters selbst nötig. Diese Ladungsträger, auch als Polaronen bezeichnet, entstehen wie folgt: Durch äußere Anregung, sei es durch thermische Energie oder ein elektrisches Feld, wird ein organisches Molekül ionisiert. Als Ergebnis entsteht im Molekül ein Radikal, also eine Verbindung innerhalb des Moleküls, die ein einzelnes freies Außenelektron aufweist. Ist die entfernte

Ladung negativ, so entsteht ein radikales Kation (positiv geladenes Ion), wird eine positive Ladung entfernt, so entsteht ein radikales Anion (negativ geladenes Ion). Als Folge der äußeren Anregung verändert sich außerdem die Struktur des Moleküls: Die Bindungslängen und die Bindungswinkel einiger Atomverbände werden auf die Entfernung des Ladungsträgers angepasst, dies wird auch als energetisch günstigere Neupositionierung bezeichnet, siehe auch Abbildung 2.1.4 bis 2.1.6 [11].

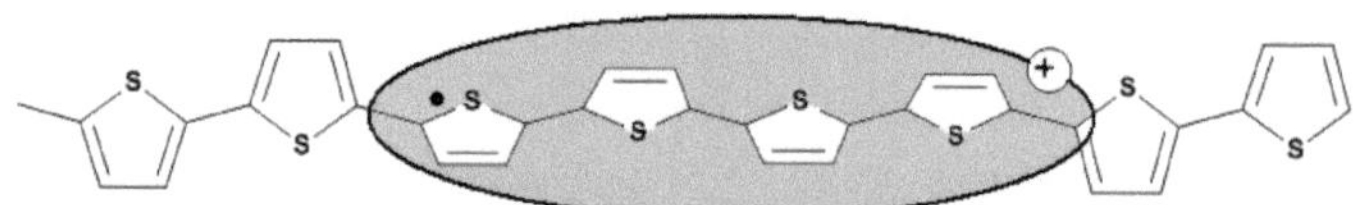

Abbildung 2.1.4.: Polymerkette

Abbildung 2.1.5.: Entfernung eines Elektrons aus dem Verbund

Abbildung 2.1.6.: Neuausrichtung der Kette (Polaron grau unterlegt)

Das entstandene radikale Ion ist das Polaron. Polaronen sind an eine bestimmte räumliche Position im organischen Molekül gebunden. Durch diese Bindung an das Molekül werden energetisch gesehen zwei Vorteile gewonnen: Die Energie, die nötig ist um einen Ladungsträger zu entfernen ist geringer als zuvor und der Energiegewinn beim Einbringen eines Ladungsträgers höher als vorher [11].

Für den mikroskopischen Ladungstransport, also den Ladungstransport entlang einer einzelnen Polymerverbindung, könnten nun entlang einer idealen Polymerkette, also einer Polymerverbindung ohne Defekte, Polaronen aufgrund der freien Verschiebbarkeit ohne Energieverlust sorgen. Real gesehen ist diese freie Verschiebung jedoch nicht möglich, da Polymere durchaus Defekte aufweisen. Aus diesem Grund wird nach dem bereits oben erwähnten Hopping-Modell davon ausgegangen, dass der Ladungstransport von Polaron zu Polaron, durch das sogenannte "Springen" von Ladungen, stattfindet [11].

## 2.2. Das Funktionsprinzip des organischen Feldeffekttransistors

Das Funktionsprinzip von organischen Feldeffekttransistoren ähnelt in seinen Grundzügen dem der Metal-Oxide-Field-Effect-Transistors, den oben erwähnten MOSFETs [10]. Es existieren mehrere Aufbauvarianten für MOSFETs und OFETs, wobei die im Rahmen dieser Arbeit verwendeten organischen Transistoren den sogenannten Dünnschichttransistoren (engl.: Thin-Film-Transistors) zugeordnet werden .

### Dünnschichttransistoren

Für Dünnschichttransistoren existieren mehrere Klassifizierungen. Je nach Lage der Gateelektrode spricht man von Top-Gate- oder Bottom-Gate-Strukturen (Abbildung 2.2.1). Da der Großteil der organischen Halbleiter relativ labil ist, ist es einfacher den Halbleiter auf eine Isolatorschicht aufzubringen, anstatt den Isolator über der Halbleiterschicht aufzutragen [9]. Aus diesem Grund wird die Bottom-Gate-Struktur bei der Herstellung von OFETs bevorzugt.

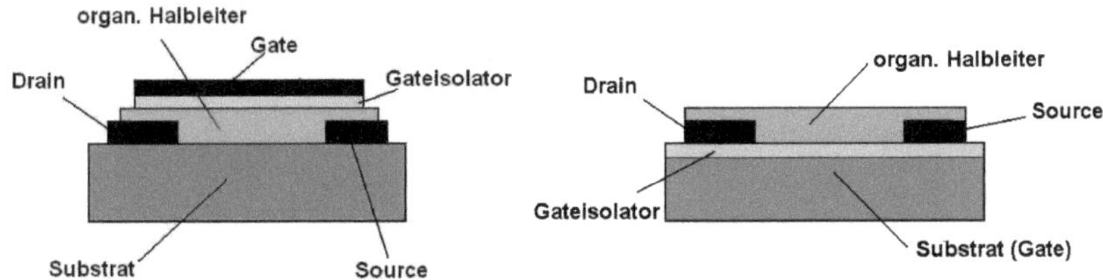


Abbildung 2.2.1.: links: Top-Gate-Struktur, rechts: Bottom-Gate-Struktur

Des Weiteren ist für die genaue Einordnung von OFETs noch die Lage der Schicht des organischen Halbleiters entscheidend. Liegen Source- und Drainelektrode unter der organischen Halbleiterschicht, so handelt es sich um eine Bottom-Contact-Struktur, liegen die Elektroden über dem organischen Halbleiter, so wird die Bezeichnung Top-Contact benutzt (Abbildung 2.2.2). Die OFETs, die für die vorliegende Arbeit hergestellt wurden, waren Bottom-Gate- und Bottom-Contact-Strukturen.

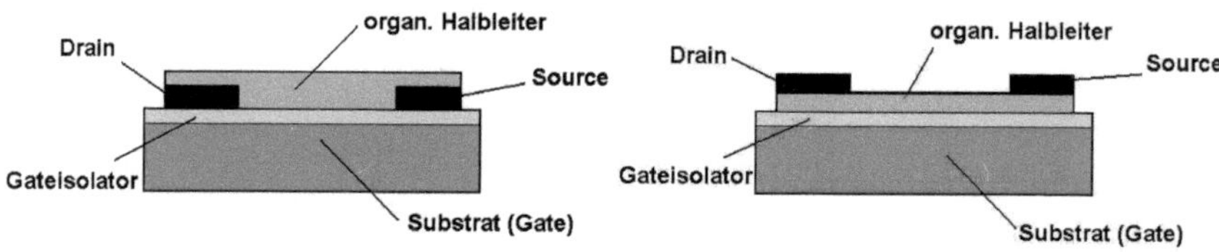


Abbildung 2.2.2.: links: Bottom-Contact-Struktur, rechts: Top-Contact-Struktur

Um zu verstehen wie Ladung in einem p-Kanal OFET fließt, betrachtet man das Verhalten des organischen Feldeffekttransistors bei verschiedenen angelegten Potentialen. Wie in Abbildung 2.2.3 zu sehen ist, fließt bei $U_{GS} = 0$ V keine Ladung, denn die nötige negative Einsatzspannung $U_{Th}$ für die Bildung eines Kanals aus Ladungsträgern wird nicht erreicht.

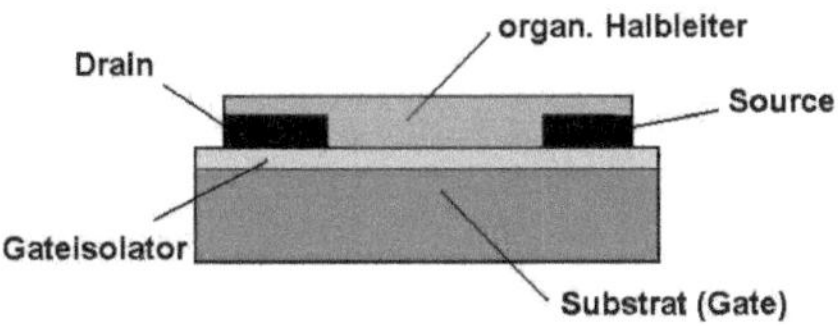


Abbildung 2.2.3.: Ausgangspotentiale: $U_{GS} = 0$ V, $U_{DS} < 0$ V

Sobald jedoch eine negative Spannung $U_{GS}$ die Gateelektrode negativ auflädt, bildet sich zwischen der Oxid- und Halbleiterschicht eine positive Gegenladung, in diesem Fall bestehend aus Majoritätsladungsträgern. Aus diesem Grund spricht man auch von Akkumulation, im Gegensatz zur Inversion im MOSFET, bei der die Minoritätsladungsträger den leitenden Kanal bilden [11]. Diese positiven Ladungen können durch das Anlegen einer Spannung $U_{DS}$ so beeinflusst werden, dass sie vom höheren zum niedrigeren Potential fließen. Ist $U_{DS}$ also negativ, so fließen die positiven Ladungsträger von der Source- zur Drainelektrode und verbinden so die Elektroden durch einen Stromfluss, wie im Bild 2.2.4, links dargestellt. Um deutlich zu machen, dass Drain- und Sourceelektrode leicht vertauschbar sind, muss nur die Spannung $U_{DS}$ umgekehrt werden. Die Potentiale haben nun ihre Vorzeichen gewechselt, deshalb fließt die Ladung in die andere Richtung, da immer noch gilt, dass sich die positiven Ladungsträger zum niedrigeren Potential bewegen, dies ist zu sehen auf der Abbildung 2.2.4, rechts.

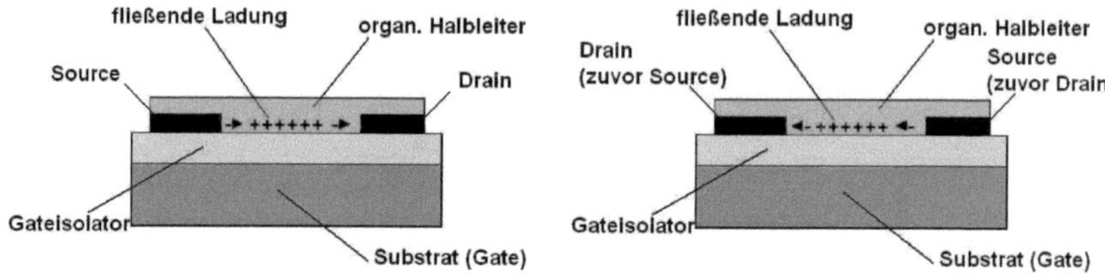


Abbildung 2.2.4.: links: $U_{GS} < 0$ V, $U_{DS} < 0$ V, rechts: $U_{GS} < 0$ V, $U_{DS} > 0$ V

Neben den unterschiedlichen Strukturen und physikalischen Abläufen in MOS- und OFETS ist zu beachten, dass die Formeln zur Berechnung der verschiedenen Kennvariablen (z.B. Ladungsträgerbeweglichkeit $\mu$, Einsatzspannung $U_{Th}$, das $I_{on}/I_{off}$– Verhältnis usw.) eines MOSFETs nur bedingt übertragbar auf OFETs sind. Die angepassten Gleichungen, welche unter anderem die Kanalabschnürung vernachlässigen, da dieser physikalische Effekt bei OFETs nicht auftritt, sind deshalb in Kapitel 5 verwendet worden, um die benötigten Daten zu extrahieren. Unter der Kanalabschnürung versteht man beim MOSFET den Effekt, dass die Ladungsträgerdichte zum drainseitigen Rand des Ladungsträgerkanals infolge einer großen Spannung $U_{DS}$ sehr stark abnimmt und noch vor der Drainelektrode null werden kann. Dies hat zur Folge, dass der Strom $I_{DS}$ ab einem bestimmten Wert $U_{DS}$, auch als Sättigungsspannung $U_{DS,sat}$ bezeichnet, nicht mehr nennenswert zunimmt, was anhand von Ausgangskennlinienfeldern nachvollzogen werden kann [10].

# 3. Herstellung von organischen Feldeffekttransistoren

Bei der Herstellung von organischen Feldeffekttransistoren kommen zwei unterschiedliche Verfahren zum Einsatz, das Spincoating-Verfahren, welches in Kapitel 3.2 behandelt wird, und das thermische Aufdampfverfahren, welches in Kapitel 3.3 behandelt wird. Bei beiden Verfahren müssen die Wafer zuvor gereinigt werden. Der Reinigungsprozess ist Gegenstand von Kapitel 3.1.

## 3.1. Reinigung der Silizium-Wafer

Die verwendeten Silizium-Wafer (Si-Wafer) wurden vom Fraunhofer-Institut für Siliziumtechnologie (ISIT) hergestellt und erreichen die Universität als runde Scheiben, die bereits aus mehreren vorgeschnittenen quadratischen Elementen mit bis zu je vier kleinen Si-Wafern bestehen. Diese Wafer besitzen zwei Elektroden aus Gold und weisen zwischen den Elektroden einen trennenden Abstand auf (in der Regel 5 µm bis maximal 25 µm). Die Anzahl vier leitet sich daraus ab, dass im Labor oftmals Versuche durchgeführt werden, infolgedessen vier OFETs gleichzeitig mit Hilfe des Spincoating-Verfahrens oder des thermischen Aufdampfens hergestellt werden. Zu den Vorsichtmaßnahmen beim Umgang mit den Wafern gehört das Tragen von Gummihandschuhen, Schutzbrillen und Laborkitteln.

Da für die weiteren Verlauf des Herstellungsprozesses im Fall der vorliegenden Arbeit nur einzelne Si-Wafer benötigt werden, ist der erste Schritt das Zuschneiden der quadratischen Elemente mit einem Diamantschneider. Die Si-Wafer weisen zwar zwei Goldelektroden auf, die für Drain- und Sourcekontakt genutzt werden können, das als Gateelektrode fungierende Substrat, welches aus dotiertem Silizium besteht, befindet sich jedoch unter einer Isolatorschicht aus Siliziumoxid. Aus diesem Grund muss mit dem Diamantschneider die Isolatorschicht, so weit abgetragen werden, dass für spätere Messungen eine Verbindung zur Substratschicht besteht.

Aus Gründen der Dokumentation und Nachvollziehbarkeit der Voraussetzungen für die unten beschriebenen Versuche in der vorliegenden Arbeit wird auf die nachfolgenden Schritte der Reinigung, die ausnahmslos unter der Flowbox stattfanden, genauer eingegangen. Der Reinigungsprozess wird nicht immer gleich gehandhabt, deshalb ist es wichtig zu beschreiben unter welchen Umständen die Ergebnisse zustande kamen.

Im Anschluss an die Entfernung der Isolatorschicht wird die Oberfläche der Wafer mit Stickstoff abgepustet. Danach werden die Wafer eines quadratischen Elementes in eine Objektträgerhalterung aus Teflon gegeben. Die Teflonhalterung wird in ein Glasgefäß gestellt und anschließend so weit mit Toluol aufgefüllt, bis sich der komplette Objektträger in der Flüssigkeit befindet. Hiernach wurde das Glasgefäß in einen Ultraschallreiniger des Typs DT 102H der Firma BANDELIN SONOREX DIGITEC gestellt, der bis zu einer fixen Mindestmarkierung mit destilliertem Wasser aufgefüllt sein muss. Die Proben wurden in der vorliegenden Arbeit für zwanzig Minuten bei 25 Grad warmen Wasser im Ultraschallreiniger gereinigt.

Nach Ablauf der Zeit wird das Gefäß entnommen, der Objektträger entfernt und in ein neues Bechergefäß mit Isopropanol gegeben. Danach werden die zuletzt geschilderten Schritte der Ultraschallreinigung wiederholt. Nach dem Abpusten mit der Stickstoffpistole wurden die Wafer der Halterung entnommen, auf eine Unterlage im UV/OzoneProCleaner$^{TM}$ der Firma BioFORCE Nanosciences platziert und mit Ozon eine Stunde lang gereinigt. Die Ozonreinigung dient dazu organische Verunreinigungen zu entfernen und eine hydrophobe (wasserabweisende) Oberfläche zu schaffen, da Silizium gegenüber Wasser empfindlich ist.

## 3.2. Spincoating-Verfahren

Das Spincoating-Verfahren (auch Aufschleuderverfahren) stellt eine Möglichkeit unter vielen (z.B. Inkjetverfahren und das unten beschriebene thermische Aufdampfverfahren) dar, um OFETs herzustellen. Generell kann das Verfahren auch in Sauerstoffumgebung angewendet werden. Allerdings hat sich das Spincoating-Verfahren in einer Stickstoffumgebung bei der Produktion bewährt, da organische Halbleiter oftmals instabil in einer Sauerstoffumgebung sind und aus diesem Grund die OFETs eine hohe Lebensdauereinbuße aufzeigen [6].

## Prinzipieller Herstellungsablauf von Halbleiterlösungen

Ziel des Produktionsablaufes ist die Herstellung eines Bottom-Contact-Devices, dessen Struktur unter Kapitel 2.2 erläutert wurde. Es müssen neben den vorbereiteten Si-Wafern zunächst Halbleiterlösungen für den Spincoating-Vorgang hergestellt werden.

Um den Kontakt der Halbleiterstoffe mit Sauerstoff und Wasser so gering wie möglich zu halten, werden die ungeöffneten Glasbehälter mit den organischen Halbleitern in eine sauerstoff- und wasserarme Stickstoffatmosphäre eingeschleust. Der nächste Schritt ist die Herstellung einer Halbleiterlösung mit spezifischer Konzentration. Die nötige Stoffmenge wurde mit einer Präzisionswaage des Typs XB 120A der Firma Precisa bestimmt und danach wurde mit einem Lösungsmittel das Gefäß so lange aufgefüllt, bis das gewünschte Stoffmengenverhältnis erreicht worden ist. Damit eine homogene Mischung zustande kommt, das heißt, dass sich der organische Halbleiter homogen löst, wird die Mischung erhitzt und per Magnetrührer mehrere Stunden lang vermengt. Der Grad der Löslichkeit eines Stoffes hängt stark von der chemischen Struktur des Halbleiters und den daraus folgenden Eigenschaften ab. Während beispielsweise Pentacen vergleichsweise schlecht gelöst werden kann, weisen einige entwickelte Pentacenderivate eine verbesserte Löslichkeit auf [6].

Im nächsten Schritt wird die Lösung gefiltert. Dazu kommt ein Spritzenfilter mit der Größe $0,45\,\mu m$ zum Einsatz, um die eventuelle Verunreinigung des homogenen Gemisches zu minimieren. Je nach Viskosität der Lösung ist es notwendig zuvor ein nochmaliges Erwärmen durchzuführen, um das Filtrieren zu erleichtern.

## Aufbringen der Lösungen auf Si-Wafer

Der Si-Wafer wurde mithilfe der Vakuumansaugung auf dem Drehteller des Spincoaters des Typs Delta 6RC der Firma Süssmund MicroTec Lithography GmbH fixiert und im Anschluss daran mussten die Aufschleuderparameter festgelegt werden. Mithilfe dieser Parameter kann die Schichtdicke des Halbleiters, zusätzlich zur Beeinflussung des Lösungsmittelverhältnisses und damit der Viskosität der Halbleiterlösung, auf dem Substrat variiert werden. Hiernach wird die Lösung unter Benutzung eines Handdispensers aufgebracht, die verwendete Lösungsmenge beträgt üblicherweise einige Mikroliter. Im Rahmen der vorliegenden Arbeit wurde, soweit keine andere Menge angegeben wird, für die Versuche eine Lösungsmenge von $3\,\mu l$ verwendet.

Der Halbleiter wird in zwei Phasen auf den Wafer aufgeschleudert, die genauen verwendeten Drehzahlen sind dem Kapitel 4 und dem Anhang zu entnehmen:

1. Die Lösung wird bei geringer Drehzahl (> 1000 rpm) gleichmäßig auf der Probe verteilt

2. Die überschüssige Menge der Lösung wird bei höherer Drehzahl (< 1000 rpm) weggeschleudert und gleichzeitig wird dadurch der auf der Probe verbleibende Teil bereits getrocknet

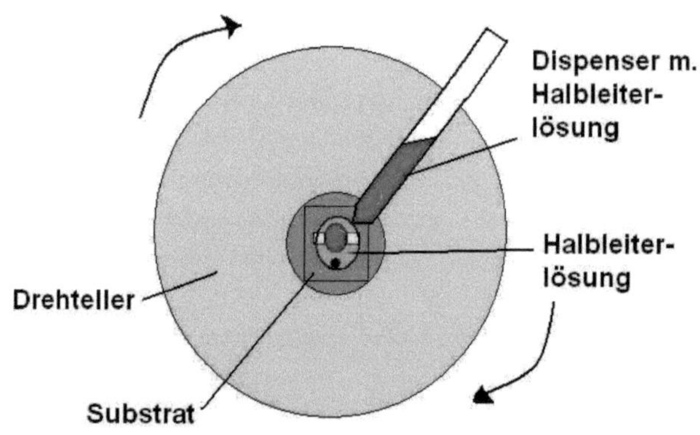


Abbildung 3.2.1.: Spincoating-Verfahren

Unter Verwendung eines fuselfreien Wattestäbchens wird nach dem Aufschleudern noch überschüssiger Halbleiter soweit entfernt, bis Gate- sowie Drain- und Sourceelektrode für die Messspitzen des Parameteranalyzers ausreichend frei liegen und somit keine Beeinflussung während der Messung in Form von Leckströmen auftreten kann. Den Abschluss des Herstellungsprozesses bildet das Ausheizen der Proben, um möglichst das komplette Lösungsmittel verdampfen zu lassen. Der Schluss läge nahe, dass sich die Heiztemperatur am Siedepunkt des Lösungsmittels orientiert. Tatsächlich ist es jedoch so, dass üblicherweise eine geringere Temperatur gewählt wird, dafür aber die Proben über eine Zeit von etwa acht Stunden (im Labor der Professur für Elektronik der HSU) ausgeheizt werden. Dieser Vorgehensweise liegt zugrunde, dass das langsame Ausheizen bei 80 °C schonender und somit vorteilhafter für die anschließenden Messungen ist, als das schnelle

Ausheizen bei höherer Temperatur (z.B. 130 °C).

# 3.3. Thermisches Aufdampfverfahren

Das thermische Aufdampfverfahren stellt eine Alternative zum Spincoating- Verfahren dar. Allerdings sind die Aufdampfanlagen meist teuer, wartungsintensiv und es wird mehr Zeit für die Herstellung der Transistoren benötigt, wenn von der Ausheizzeit beim Spincoating-Verfahren abgesehen wird. Der größte Vorteil des thermischen Aufdampfens ist jedoch der Herstellungsprozess an sich, da im Vergleich zum Spincoating die Schichtdicken der organischen Halbleiter mithilfe eines Schichtdickenmessgerätes deutlich gezielter erzeugt werden können.

## Prinzipieller Herstellungsablauf

Das thermische Aufdampfen wurde unter Einsatz der Vakuumaufdampfanlage Edwards E306 durchgeführt. Zwischen zwei Kupferkontakten der Anlage wird ein Schiffchen aus Wolfram eingespannt, das als Träger eines Edelstahlschmelztiegels mit dem darin befindlichen Halbleiterstoff, dem Quellmaterial, fungiert.

Die Menge des Quellmaterials ist davon abhängig, welche Schichtdicke am Ende des Aufdampfvorganges erreicht werden soll. Im Fall von Pentacen, welches als Referenzmaterial für erste Versuche an der Anlage herangezogen wurde, sind Schichtdicken ab 50 nm für spätere Kennlinienmessungen üblich. Dafür wurden 3 mg in den Schmelztiegel gegeben. Über dem Schmelztiegel wird der Probenhalter mit den zu bedampfenden Proben und der mit Klapptonklebeband fixierten Schattenmaske im rechten Winkel eingespannt. Alle Bestandteile des Aufbaus müssen hitzebeständig sein, da während des thermischen Aufdampfens in der Regel Temperaturen über 100 °C erreicht werden.

Der nächste, 18 Stunden andauernde Vorgang ist die Erzeugung eines Vakuums. Zunächst erzeugt die Drehschieberpumpe einen Vordruck von etwa $3 \cdot 10^{-1}$ mbar. Danach wird die Diffusionspumpe hinzugeschaltet, in der Aufdampfkammer entsteht dadurch ein Druck von weniger als $2 \cdot 10^{-6}$ mbar.

Sobald sich das Vakuum aufgebaut hat, erfolgt der eigentliche Aufdampfvorgang. Durch die Kupferkontakte wird ein extern steuerbarer Strom geleitet, das Schiffchen wird erwärmt, der Tiegel miterhitzt und bei erreichen der Sublimierungstemperatur steigt der Halbleiterstoff gasförmig auf. Das Quellmaterial kondensiert auf der Probe, es bildet sich eine Halbleiterschicht. Der eingestellte Strom lag im Fall von Pentacen bei $1,8$ A. Die gezielte Bedampfung wird über fixierte Masken garantiert, die im Bereich über dem Kanal, zwischen Drain und Source, offen sind. Um exakte Schichtdicken bestimmen zu können, ist es erforderlich eine konstante Aufdampfrate zu erreichen. Da diese sich erst im Verlauf des Aufdampfens einstellt und über die vorherige Aufdampfrate keine Aussage getroffen werden kann, kommt ein sogenannter Shutter zum Einsatz. Der Shutter garantiert durch räumliche Trennung, dass erst ab einer konstanten Rate das Quellmaterial auf die Proben aufgebracht wird, indem er dann geöffnet wird. Eine konstante Rate ist dann erreicht, wenn sich laut Anzeige des Schichtdickenmessgerätes der Aufdampfanlage die Aufdampfrate stabilisiert und über längere Zeit, im Fall der vorliegenden Arbeit etwa 30 s, einen festen Wert aufweist.

Während des Aufdampfens tritt folgende Problematik auf: Jeder Stoff besitzt eine andere Schmelz- und Siedetemperatur. Extern kann allerdings nur der Strom gesteuert werden und der Messaufbau gibt ebenfalls keinen Aufschluss darüber welche Temperaturen exakt am Schiffchen, am Tiegel und am Quellmaterial anliegen. Einziges Indiz dafür, wie sich ein Stoff bei stufenweiser Erhöhung des Stromes verhält, ist das bloße Ansehen des Quellmaterial und das Schichtdickenmessgerät Edward FTM 7.

Das Schichtdickenmessgerät bestimmt die Schichtdicke während des Aufdampfvorganges durch die Verwendung zweier Kristalle. Ein Kristall befindet sich in der Vakuumkammer, nahe des Probenhalters, und der andere außerhalb der Vakuumkammer. Zu Beginn schwingen beide Kristalle, sogenannte Quarzoszillatoren, mit einer spezifischen Frequenz. In Folge des Aufdampfvorganges setzt sich auf dem Quarz innerhalb der Kammer eine Schicht des Quellmaterials ab, die Eigenfrequenz des Quarzoszillators in der Aufdampfanlage sinkt. Diese Veränderung wird registriert, indem die neue Frequenz mit der Referenzfrequenz des außerhalb liegenden Kristalls verglichen wird. Aus der Abweichung zur Resonanzfrequenz lässt sich auf die Massezunahme auf dem Quarz schließen. Da in das Schichtdickenmessgerät auch die Dichteangabe des Quellmaterials eingegeben wurde, kann das Messgerät die Schichtdicke bestimmen und gibt diesen Wert in Form einer Digitalanzeige aus.

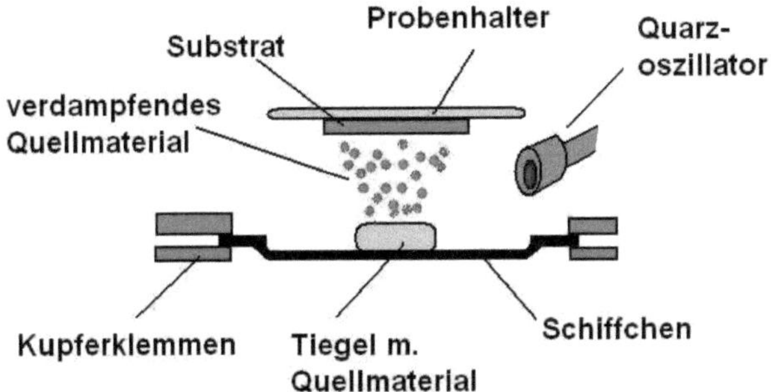


Abbildung 3.3.1.: Thermisches Aufdampfverfahren

# 4. Verwendete Halbleiter und durchgeführte Versuche

Die Professur für Elektronik stellte für die Herstellung von OFETs fünf organische Halbleiterstoffe zur Verfügung. Davon sind drei Halbleiter verwendet worden und für die Herstellung nach Kapitel 3.2 und 3.3 zum Einsatz gekommen. Im folgenden Abschnitt werden die Voraussetzungen und Besonderheiten bei der Verwendung der organischen Halbleiter hervorgehoben.

## 4.1. 9,10-Bis[(triisopropylsilyl)ethynyl]anthracen

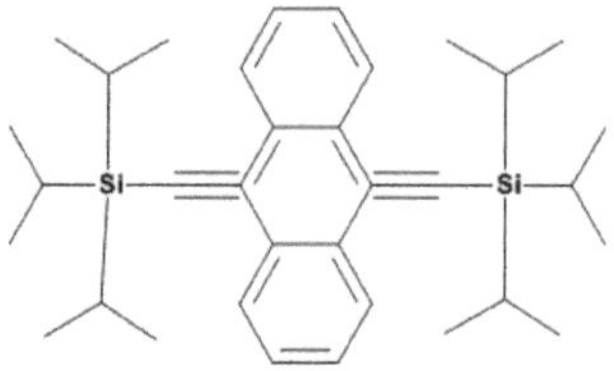

Abbildung 4.1.1.: chemische Strukturformel 9,10-Bis[(triisopropylsilyl)ethynyl]anthracen

Der erste organische Halbleiter, der untersucht wird ist 9,10-Bis[(triisopropylsilyl)ethynyl]anthracen, kurz TIPS-Anthracen, und wird im folgenden TIPSANT genannt. Die ersten OFETs wurden mithilfe des Spincoating-Verfahrens hergestellt. Um verwendbare Lösungen herstellen zu können, ist zuerst die Recherche nach einem geeigneten Lösungsmittel notwendig, da auf dem Glasbehälter des Halbleiters keine Aussage darüber getroffen wird. Die erste Anlaufstelle ist aus diesem Grund die Seite des Herstellers, die Suche bleibt dort jedoch erfolglos, es sind zu wenige Informationen vorhanden. Nach längerer Durchforstung einschlägiger Paper stellt sich heraus, dass sich Toluol als Lösungsmittel eignet [12].

Des Weiteren werden zum Beispiel Chloroform und Chlorobenzol aufgeführt, welche allerdings nicht in Frage kommen, denn in Absprache mit der Professur sind nur solche Lösungsmittel zulässig, die unbedenklich bezüglich der gefahrlosen Verwendung (ohne giftige Dämpfe usw.) unter der Flowbox eingesetzt werden können [12]. Diese Vorgabe gilt auch für die weiteren Versuche mit Halbleiterlösungen: Es mag eine Vielzahl von alternativen Lösungsmitteln geben, es werden jedoch nur die unbedenklichen verwendet. Aus dem Anhang ist zu entnehmen, dass für die Versuche mit TIPSANT und Anthracen nur Toluol als Lösungsmittel verwendet wurde, da es sich für die Lösungsherstellung gut eignete.

Im Verlauf des Spincoating-Prozesses stellte sich heraus, dass sich bei einem Verhältnis von 0, 5 % des organischen Halbleiters zum Lösungsmittel Toluol folgende Parameter als günstig erwiesen:

1. Aufbringen und verteilen der Lösung in 20 s bei 500 Upm

2. Trocknen der Lösung für 30 s bei 1100 Upm

Erhöht sich das Verhältnis auf 1 % des organischen Halbleiters zum Lösungsmittel, so muss die Drehzahl auf Grund der höheren Viskosität des Gemisches angepasst werden, so dass dann folgende Parameter verwendet wurden:

1. Aufbringen und verteilen der Lösung in 20 s bei 800 Upm

2. Trocknen der Lösung für 30  s bei 2500 Upm

Das Ausheizen wurde in beiden Versuchsdurchläufen jeweils über acht Stunden bei einer konstanten Temperatur von 80 °C durchgeführt. Die letzten OFETs, die mit TIPSANT hergestellt wurden, entstanden in der Aufdampfanlage. In den Tiegel wurden 3 mg des Halbleiters gegeben und die Stromstärke auf 1, 8 A fixiert. Sobald sich eine konstante Aufdampfrate einstellte, wurde der Shutter geöffnet und die Proben für 5 : 03 min bedampft. Die Anzeige des Schichtdickenmessgerätes zeigte zu diesem Zeitpunkt eine Dicke von 600 nm an, was unter Berücksichtigung des Faktors 5, der aus den Erfahrungswerten mit Versuchen mit Pentacen hervorgeht und sich unter Verwendung des Oberflächenprofilometers Veeco Dektak 150 bestätigte, einer realen Schichtdicke von 120 nm entspricht. Da auch dieser Herstellungsprozess keinerlei Verbesserung der Transistoreigenschaften zur Folge hatte, wurden die Versuche mit TIPSANT an dieser Stelle abgebrochen und der nächste organische Halbleiter untersucht. Die Kennlinien und die dokumentierten Parameter der einzelnen Herstellungsprozesse sind Kapitel 5 und dem Anhang zu entnehmen.

## 4.2. Anthracen

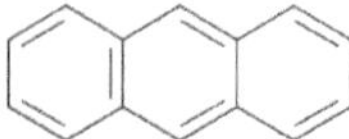

Abbildung 4.2.1.: chemische Strukturformel von Anthracen

Die ersten OFETs, bei denen Anthracen verwendet wurde, wurden mit der Aufdampfanlage realisiert. Es muss an dieser Stelle festgehalten werden, dass die benutzten Silizium-Wafer, aus Gründen von fehlendem Material, bereits in den Versuchen mit TIPSANT eingesetzt wurden. Um Silizium-Wafer ein zweites Mal benutzen zu können, ist es dringend erforderlich den Reinigungsvorgang nach Kapitel 3.1 ein weiteres Mal durchzuführen, um den organischen Halbleiter aus dem vorherigen Experiment von der Probe zu entfernen. Eine vorherige grobe Entfernung des Halbleiters mit einem Wattestäbchen ist zu vermeiden, da dadurch die Goldelektroden beschädigt werden. Es bilden sich sonst optisch sichtbare linienförmige Abriebe, die den Ladungstransport beeinflussen können. Zunächst wurden 3,5 mg des Halbleiters in den Tiegel gegeben und die Proben bei konstanter Aufdampfrate 5 : 50 min und 1,8 A bedampft. Nach Entnahme der fertigen Transistoren war augenscheinlich keine Halbleiterschicht sichtbar. Die experimentelle Bestimmung der Schichtdicke mit dem Oberflächenprofilometer ergab einen Wert von weniger als 30 nm. Unter der Annahme, dass zu wenig Anthracen verwendet wurde und die Stromstärke zu groß war, weshalb der Halbleiter eventuell zu schnell, das heißt vor dem Öffnen des Shutters, verdampft ist, wurden die Parameter im nächsten Versuchsdurchlauf angeglichen. In den Tiegel wurden dieses Mal 8 mg Anthracen gefüllt und die Stromstärke betrug zuerst 1,1 A, um den Halbleiter zu schmelzen, und ab einer konstanten Aufdampfrate bei einer Stromstärke von 1,9 A aufzudampfen. In der Summe dauerte der ganze Aufdampfvorgang beim zweiten Mal 19 : 50 min.
Da auch die Messungen dieses Versuchsdurchlaufes keine Transistoreigenschaften bestätigten, wurden die letzten OFETs der Anthracen- Reihe im Spincoating- Verfahren produziert. Es wurde eine Halbleiterlösung mit einem Verhältnis von 1 % Anthracen

zum Lösungsmittel Toluol aufgetragen. Die Parameter lauten wie folgt:

1. Aufbringen und verteilen der Lösung in 20 s bei 1000 Upm

2. Trocknen der Lösung für 30 s bei 2000 Upm

Diese letzte Versuchscharge führte jedoch ebenfalls nicht zum Erfolg. Es war keine messbare Schichtdicke zu bestimmen und die elektrischen Eigenschaften eines OFETs waren nicht erkennbar. Die Ergebnisse bestätigten bekannte Erkenntnisse, wonach Anthracen keine Transistoreigenschaften aufgrund seiner chemischen Struktur aufweist [6].

## 4.3. 5,5-Di(4-biphenylyl)-2,2-bithiophen (PPTTPP)

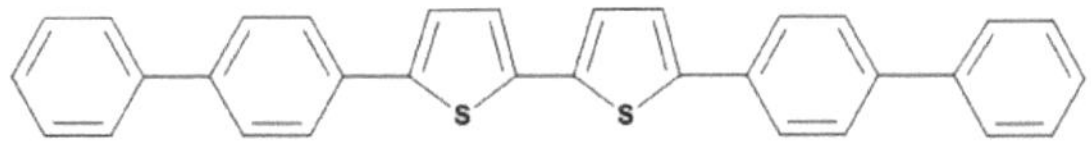

Abbildung 4.3.1.: chemische Strukturformel von 5,5-Di(4-biphenylyl)-2,2-bithiophen

Im Gegensatz zu den Versuchsergebnissen der beiden vorher beschriebenen organischen Halbleiter stellte sich PPTTPP als vielversprechend und geeignet für die Herstellung von OFETs heraus. Bereits bei den ersten in der Aufdampfanlage hergestellten Transistoren ergaben die Messungen am Parameter Analyzer verwertbare Kennlinien. Die Parameter der einzelnen Herstellungsprozesse in der Aufdampfanlage sind, aufgrund ihres Umfanges, im Anhang aufgelistet und dort zu entnehmen. Für die ersten drei Chargen wurden wiederholt gereinigte Wafer aus den Versuchen drei bis fünf mit TIPSANT verwendet und für die darauffolgend hergestellten OFETs standen neue Si-Wafer zur Verfügung. Bemerkenswert ist, dass im Schmelztiegel nach einigen Durchläufen in der Aufdampfanlage ein rötlicher Rückstand des Quellmaterials zurückblieb. Zum einen ist PPTTPP ein optisch gelb aussehender Stoff und zum anderen bildete sich dieser Rückstand unabhängig von der Menge des organischen Halbleiters. Die Vermutung, dass bei geringerer Menge des aufzudampfenen Materials kein Rest im Tiegel zurückbleiben würde, hat sich nicht bestätigt. Bei sonst gleichen Parametern blieb etwas von dem roten Feststoff zurück, manches andere Mal jedoch nicht.
Im Rahmen der Schichtdickenoptimierung, wurde die Masse des Quellmaterials Stück für Stück herabgesetzt. Dies zielte darauf ab in etwa eine Schichtdicke von 50 nm zu erhalten, um dann die Kennlinien von PPTTPP mit denen von Pentacen-OFETs, welche

auch eine Schichtdicke von etwa 50 nm besitzen, zu vergleichen. Im Laufe der Versuche konnte festgestellt werden, dass in etwa ein Faktor 10 genutzt werden kann, um die Schichtdicke während des Aufdampfvorganges zu bestimmen (10·Anzeigewert ergibt in etwa reale Schichtdicke). Die Untersuchung wurde bis zu einer Masse von $3,5$ mg von PPTTPP fortgesetzt, um an dieser Stelle abzubrechen und die Eignung des organischen Halbleiters für das Spincoating-Verfahren zu überprüfen. Die Schichtdickenmessung mit dem Veeco Dektak 150 ergab zu diesem Zeitpunkt für diese Masse einen Wert von etwa 220 nm.

PPTTPP erwies sich als nicht löslich in den im Labor vorhandenen Lösungsmitteln Toluol, Isopropanol und Tetrahydrofuran. Die Versuche wurden schließlich an dieser Stelle aus Zeitgründen unterbrochen.

# 5. Auswertung und Vergleich der Ergebnisse

## 5.1. Messung mit dem Paramter Analyzer

Der (Precision) Semiconductor Parameter Analyzer Agilent 4156C der Firma Agilent stellt eine komfortable Möglichkeit dar, um Ausgangs- und Übertragungskennlinien von OFETs aufzunehmen und diese digital darzustellen [13].

Zu diesem Zweck werden an den Analyzer drei Messspitzen angeschlossen, die mit den Elektroden der zu messenden Probe kontaktiert werden. Vor diesem Schritt wird allerdings noch eine Kalibrierung des Analyzers ohne Kontaktierung der Elektroden durchgeführt, die alle zwei Stunden wiederholt wird. Der Gatekontakt ist festgelegt, denn diese Elektrode wird durch das Substrat des OFETs realisiert. Die Unterscheidung von Drain- und Sourcekontakt kann über die Einstellung des Potentials festgelegt werden wie nach Kapitel 2.2 nachvollzogen werden kann, ansonsten weisen beide Goldelektroden des OFETs die gleichen Eigenschaften auf und können als Drain- oder Sourceelektrode benutzt werden.

Um die Kennlinien des zu testenden Transistors zu erstellen, kann der Bediener des Messplatzes über eine graphische Oberfläche bestimmen in welchen Schrittweiten und welchem Spannungsbereich sich $U_{GS}$ und $U_{DS}$ bewegen sollen. Der Analyzer lässt dann eine Testroutine durchlaufen und nimmt währenddessen die Messdaten der Ströme durch den Transistor in Form einer Textdatei auf und ordnet sie den angelegten Spannungen zu. Schlussendlich werden diese Daten ausgewertet und optisch als Kennlinie in einem angepassten Koordinatensystem präsentiert. Die Parameter der jeweiligen Messungen sind dem Anhang entnehmbar.

Da der Parameter Analyzer mit einem Rechner verbunden ist, können die Daten der Textdateien per USB-Stick extrahiert und für andere Programme wie Origin8 genutzt werden. Das Messgerät selbst besitzt lediglich ein Diskettenlaufwerk.

## 5.2. Kennlinien und Charakterisierung der verwendeten Halbleiter

Um die Eigenschaften organischer Halbleiter bestimmen zu können und eine Aussage darüber treffen zu können welcher Stoff die besseren Kennwerte zeigt, müssen die Kennlinien, die mit dem Parameter Analyzer aufgenommen wurden, ausgewertet werden. Aus diesen Kennlinien lassen sich mithilfe geeigneter Formeln und Vorgehensweisen die entscheidenden Größen (z.B. die Ladungsträgerbeweglichkeit $\mu$) des jeweiligen organischen Halbleiters bestimmen. Wie bereits aus Kapitel 4 hervorgeht, sind die Ergebnisse von TIPSANT und Anthracen ungenügend. Um deutlich zu zeigen, dass die aufgenommenen Kennlinien unbrauchbar sind um Vergleiche mit Pentacen anzustellen, sind zur Verdeutlichung einige Kennlinien aufgeführt. Weitere Daten auf der beigefügten CD zu finden. In der Abbildung 5.2.1 ist das Ausgangskennlinienfeld von TIPSANT zu sehen. Dargestellt ist der aufgetragene Strom $I_{DS}$ über die variable Spannung $U_{DS}$, wobei jede Kennlinie des Ausgangskennlinienfeldes bei einem anderen festen Spannungswert $U_{GS}$ aufgenommen wurde.

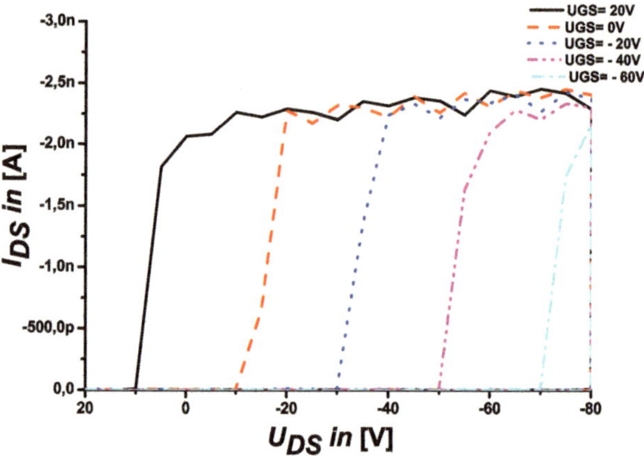


Abbildung 5.2.1.: TIPSANT unter Ausgangskennlinienbed.

Der Grafik 5.2.2 ist das Übertragungskennlinienfeld von TIPSANT zu entnehmen, bei der der Strom $I_{DS}$ über die variable Spannung $U_{GS}$ aufgetragen wurde. Jede Kennlinie ist einem festen Spannungswert $U_{DS}$ zugeordnet, der aus der Legende ersichtlich ist.

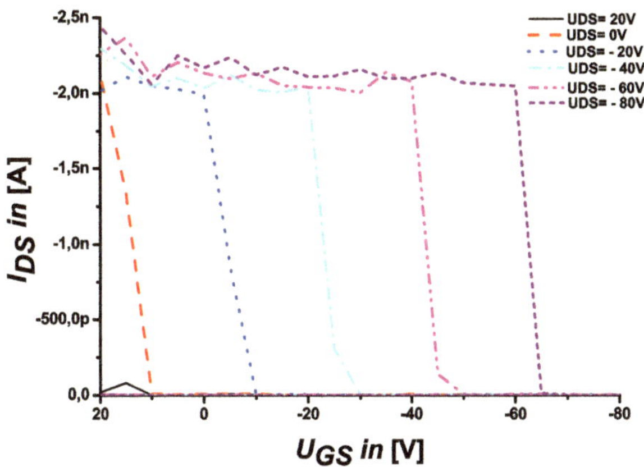


Abbildung 5.2.2.: TIPSANT unter Übertragungskennlinienbed.

Die Kennlinien 5.2.3 und 5.2.4 wurden bei den Versuchen mit Anthracen aufgenommen. Zunächst wurde ein Ausgangskennlinienfeld aufgenommen. Da aus der Grafik hervorgeht, dass nur sehr geringe Ströme fließen, liegt die Vermutung nahe, dass es sich lediglich um Leckströme im Pico-Ampere-Bereich handelt und kein Strom $I_{DS}$ geflossen ist. Auf der Grafik 5.2.4 ist ein Kennlinienfeld von Anthracen unter Übertragungskennlinienbedingungen zu sehen. Wiederum wurde der Strom $I_{DS}$ über eine variable Spannung $U_{GS}$ und einem konstanten Spannungswert $U_{DS}$ aufgezeichnet. Auch hier sind die fließenden Ströme so gering, dass es sich aller Wahrscheinlichkeit nach nur um Leckströme handelt.

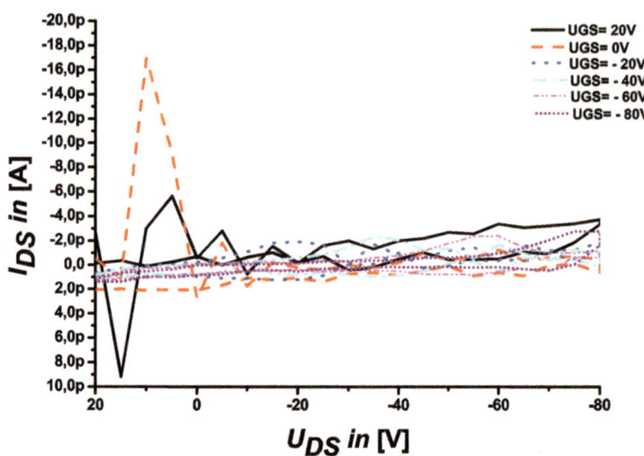

Abbildung 5.2.3.: Anthracen unter Ausgangskennlinienbed.

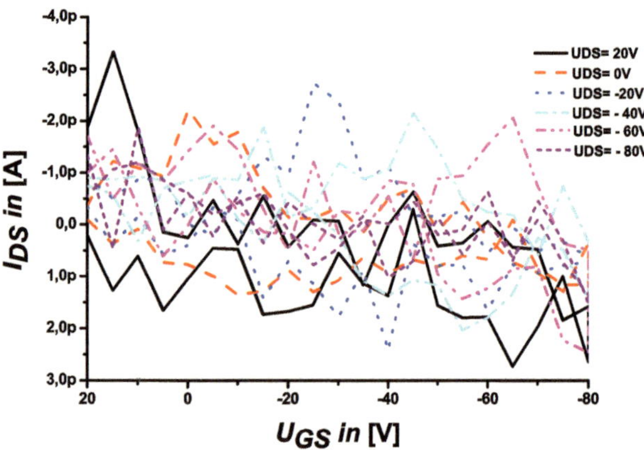

Abbildung 5.2.4.: Anthracen unter Übertragungskennlinienbed.

Im Vergleich dazu sind die Kennlinien von PPTTPP durchaus auswertbar und ermöglichen eine Parameterextraktion.

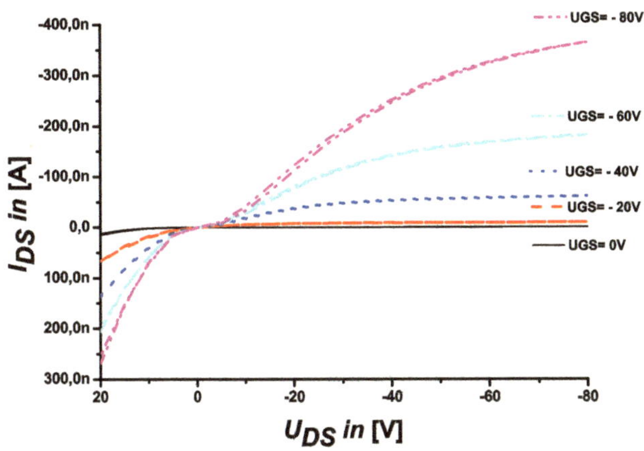


Abbildung 5.2.5.: Ausgangskennlinienfeld von PPTTPP

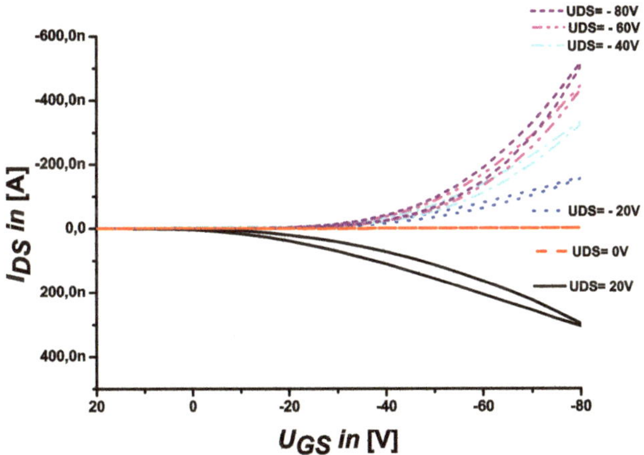


Abbildung 5.2.6.: Übertragungskennlinienfeld von PPTTPP

Es ist zu erkennen, dass die Kennlinienfelder von PPTTPP das Verhalten eines OFETs bei verschiedenen Spannungen $U_{GS}$ und $U_{DS}$ widerspiegeln. Im Ausgangskennlinienfeld steigt die Stromstärke von $I_{DS}$ linear mit höherem festen Spannungswert $U_{GS}$ an und geht dann in einen Sättigungsbereich über, in dem sie nicht mehr signifikant ansteigt. Dies ist besonders gut bei der Kennlinie mit dem fixen Spannungswert $U_{GS} = -60$ V zu erkennen, bei $U_{GS} = -80$ V ist der Sättigungsbereich hingegen höchstwahrscheinlich noch nicht erreicht. Vergleicht man die Stromstärke der Ausgangskennlinien der OFETs, die mit PPTTPP hergestellt wurden, mit denen von OFETs, die unter der Verwendung von TIPSANT und Anthracen entstanden, so ist zu sehen, dass mehrere Größenordnungen zwischen den Werten der Stromstärke liegen. Der Strom $I_{DS}$, der durch den OFET mit dem organischen Halbleiter PPTTPP fließt, ist offensichtlich deutlich größer. Ähnliche Feststellungen bezüglich der Stromstärke lassen sich auch im Übertragungskennlinienfeld machen. Des Weiteren ist zu erkennen, dass die Übertragungskennlinien mit steigendem $U_{GS}$ von einem linearen in einen nichtlinearen Verlauf übergehen, was ebenfalls für das Kennlinienverhalten eines OFET spricht.

Um die entscheidenden Größen für PPTTPP abzuleiten, werden Stromgleichungen benötigt, die im Prinzip auf den Gleichungen des MOSFET basieren. Auch die Kennlinien der OFETs weisen Widerstands- und Sättigungsbereich auf. Unter dem Widerstandsbereich ist der Teil der Kennlinie zu verstehen, in dem der Strom $I_{DS}$ mit der Spannung $U_{DS}$ ansteigt, während der Sättigungsbereich den Teil der Kennlinien kennzeichnet in dem $I_{DS}$ nicht mehr sichtbar mit $U_{DS}$ zunimmt [10].

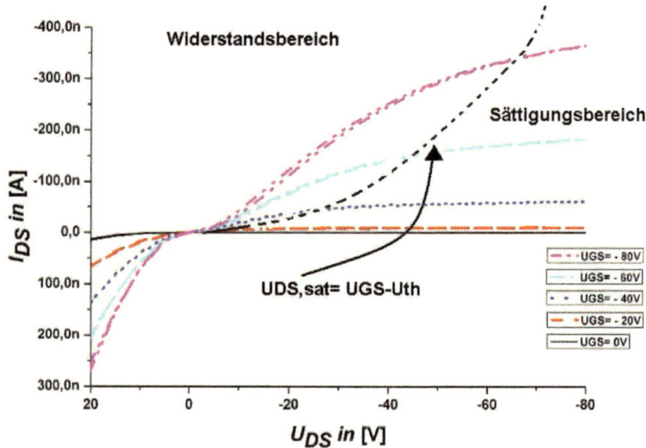



Abbildung 5.2.7.: Widerstands- und Sättigungsbereich

Im Widerstandsbereich eines p-Kanal OFETs, wenn also $U_{GS} < U_{Th}$ und $U_{GS} - U_{Th} < U_{DS}$ gilt, herrscht folgender Zusammenhang:

$$I_{DS} = -\mu_{wid} \frac{\omega}{l} C'_{ox} \left[ U_{GS} - U_{Th} - \frac{U_{DS}}{2} \right] U_{DS}. \tag{5.2.1}$$

Im Sättigungsbereich, wenn also $U_{GS} < U_{Th}$ und $U_{GS} - U_{Th} \geq U_{DS}$ gilt, ist dagegen eine andere Formel anzuwenden, da sich der Verlauf der Kennlinie ändert:

$$I_{DS} = -\mu_{sat} \frac{\omega}{2l} C'_{ox} \left( U_{GS} - U_{Th} \right)^2. \tag{5.2.2}$$

Hierbei bezeichnet $l$ die Kanallänge des OFETs, $\omega$ die Kanalweite, $C'_{ox}$ ist die Oxidkapazität pro Fläche, die aufgrund der Kondensatorstruktur zwischen den Goldelektroden und dem Substrat berücksichtigt werden muss, $U_{Th}$ ist die Thresholdspannung, auch Einsatzspannung genannt, und $\mu$ die Ladungsträgerbeweglichkeit [14]. An dieser Stelle muss gesagt werden, dass die Ladungsträgerbeweglichkeit $\mu$ eines OFET nicht konstant ist sondern von parasitären Einflüssen beeinflusst wird. Aufgrund dieser nicht konstanten Kenngröße lassen sich die Ausgangs- und Übertragungskennlinie eines OFET nicht ineinander umwandeln, wie es beim MOSFET der Fall ist. Die oben angeführten einzelnen Kennwerte, sowie das $I_{on}/I_{off}$- Verhältnis, das gewissermaßen ein Maß für die Schaltungssicherheit in digitalen Schaltungen ist, lassen sich mithilfe der Ausgangs- und Übertragungskennlinien mit Hilfe des Programmes Origin8 bestimmen [15]. Wie weiter unten angeführt, werden, je nach Kenngröße, entweder das Ausgangs- oder das Übertragungskennlinienfeld benutzt.

Als erstes wird unter Verwendung des Übertragungskennlinienfeldes $U_{Th}$ bestimmt, indem man $\sqrt{I_{DS}}$ über $U_{GS}$ aufträgt. Dadurch erhält man nach der Formel für den Sättigungsbereich 5.2.2 einen Funktionsgraphen mit der Steigung $\sqrt{\mu_{sat} \frac{\omega}{2l} C'_{ox}}$. Verlängert man den linearen Abschnitt dieses Graphen mittels einer Gerade bis zur Spannungsachse, so schneidet diese Gerade die Achse bei $U_{GS} = U_{Th}$.

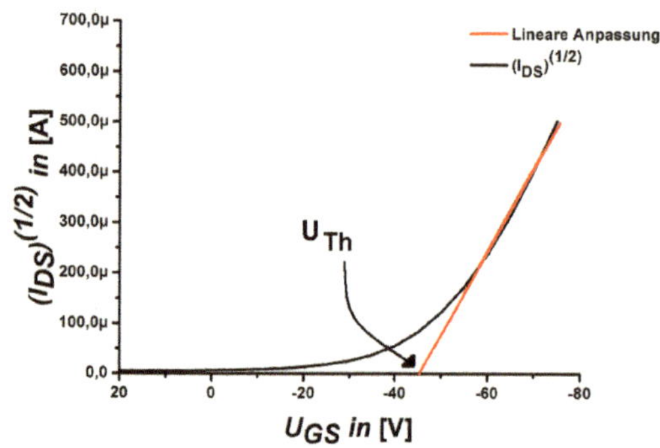


Abbildung 5.2.8.: Bestimmung von $U_{Th}$, bei $U_{DS} = -20$ V

Die Gerade kann mit Hilfe der linearen Regression von Origin8 erstellt und die Einsatzspannung abgelesen werden, wobei darauf geachtet werden muss, dass die entworfene Gerade den Graphen ausreichend gut annähert, damit der Ablesefehler gering gehalten wird. Oftmals ist es nötig die lineare Regression ein zweites Mal durchzuführen, wenn der lineare Bereich des Funktionsgraphen von $\sqrt{I_{DS}}$ nicht hinreichend genau durch den Bediener festgelegt wurde. Die Einsatzspannung $U_{Th}$ wird für die Einteilung der Kennlinien in Widerstands- und Sättigungsbereiche gebraucht, da in den Bereichsbedingungen die Einsatzspannung berücksichtigt werden muss [10].
Mit Hilfe der Gleichungen 5.2.1 und 5.2.2 können nun die Ladungsträgerbeweglichkeiten $\mu_{wid}$ und $\mu_{sat}$ errechnet werden. Zur Bestimmung der Widerstandsladungsträgerbeweglichkeit $\mu_{wid}$ wird die Steilheit $g_m$ im Widerstandsbereich des Übertragungskennlinienfeld durch Origin8 mithilfe des linearen FITs ermittelt.

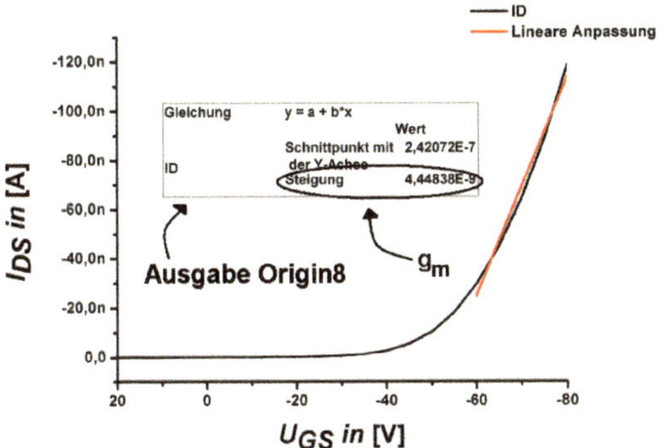


Abbildung 5.2.9.: Bestimmung der Steilheit $g_m$, bei $U_{DS} = -20$ V

Dazu wird eine Kurve des Stromes $I_{DS}$ bei einem konstanten $U_{GS}$ herangezogen und wie folgt errechnet [10]:

$$g_m = \frac{\partial I_{DS}}{\partial U_{GS}} = -\mu_{wid}\frac{\omega}{l}C'_{ox}U_{DS} \qquad (5.2.3)$$

$$\mu_{wid} = -\frac{g_m l}{\omega C'_{ox} U_{DS}}. \qquad (5.2.4)$$

Für die Ermittlung der Ladungsträgerbeweglichkeit im Sättigungsbereich wird die Steigung $n$ unter Verwendung der Gleichung 5.2.2 bei fixem $U_{DS}$ wie folgt benutzt:

$$n = \frac{\partial \sqrt{I_{DS}}}{\partial U_{GS}} = \sqrt{\mu_{sat}C'_{ox}\frac{\omega}{2l}}. \qquad (5.2.5)$$

Aus diesem Term kann nun $\mu_{sat}$ bestimmt werden:

$$\mu_{sat} = \frac{2l}{C'_{ox}\omega} \cdot n^2. \qquad (5.2.6)$$

Die im Rahmen dieser Arbeit eingesetzten OFETs wiesen alle die gleiche Kapazität $C'_{ox}$ auf, da die Isolatorschicht bei allen Proben gleich war und bei 450 nm lag. Die Kapazität bestimmt sich wie folgt:

$$C'_{ox} = \frac{\varepsilon_0 \varepsilon_{ox}}{d_{ox}} = \frac{8,854 \cdot 10^{-14} \frac{As}{Vcm} \cdot 3,9}{450 \cdot 10^{-7} \text{ cm}} = 7,673 \cdot 10^{-9} \frac{As}{Vcm^2} = 7,673 \cdot 10^{-9} \frac{F}{cm^2}. \quad (5.2.7)$$

$\varepsilon_0$ ist die Dielektrizitätszahl des Vakuums, $\varepsilon_{ox}$ ist die relative Dielektrizitätszahl von Siliziumoxid und $d_{ox}$ steht für die Schichtdicke des Isolators [10]. Des Weiteren wiesen alle OFETs, die in Verbindung mit PPTTPP entstanden, eine Kanallänge von 10 µm oder 25 µm und eine Kanalweite von etwa $1,5$ mm auf. Daraus resultiert ein $\frac{w}{l}$- Verhältnis von 150 bzw. 60. Vergleicht man eine große mit einer kleinen Kanallänge, so kann man bei kleineren Kanallängen feststellen, dass die Einsatzspannung sinkt, was auch teilweise aus der Tabelle 5.1 ersichtlich ist. Dies lässt sich auf den sogenannten Kurzkanaleffekt und der damit verringerten Barrierehöhe im Bändermodell zurückführen [10]. Des Weiteren begrenzt eine große Kanallänge (ab etwa 5 µm) die Schaltgeschwindigkeit eines OFETs, deshalb geht man heutzutage zu sogenannten Kurzkanal-Elementen über [16].

Da sich gezeigt hat, dass die beiden organischen Halbleiter TIPSANT und Anthracen nicht die Eigenschaften eines OFETs aufweisen und die Kennlinien nicht ausgewertet werden können, ist es sinnvoll nur die Versuchsergebnisse von PPTTPP und Pentacen zu vergleichen. Im Laufe der Versuche mit PPTTPP wurden insgesamt 15 Transistoren mittels des thermischen Aufdampfverfahrens hergestellt, wobei pro Versuchdurchgang immer vier Transistoren produziert wurden (im Durchgang A wurde ein Transistor beschädigt und unbrauchbar).

Es ergab sich für die Ladungsträgerbeweglichkeit $\mu_{wid}$ ein Wertebereich von $1,17 \cdot 10^{-4}$ bis $6,54 \cdot 10^{-4}$ $cm^2V^{-1}s^{-1}$ und für die Ladungsträgerbeweglichkeit $\mu_{sat}$ ein Wertebereich von $4,48 \cdot 10^{-4}$ bis $1,88 \cdot 10^{-3}$ $cm^2V^{-1}s^{-1}$. Die Einsatzspannung lag im Bereich von $-55,61$ bis $-32,16$ V.

| Transistor | $U_{Th}$ in [V] | $\mu_{wid}$ in $[\frac{cm^2}{Vs}]$ | $\mu_{sat}$ in $[\frac{cm^2}{Vs}]$ | $\frac{\omega}{l}$—Verhältnis |
|:---:|:---:|:---:|:---:|:---:|
| A1 | $-45,16$ | $1,93 \cdot 10^{-4}$ | $4,70 \cdot 10^{-4}$ | 150 |
| A2 | $-45,48$ | $1,17 \cdot 10^{-4}$ | $3,38 \cdot 10^{-4}$ | 150 |
| A3 | $-50,19$ | $4,16 \cdot 10^{-4}$ | $1,92 \cdot 10^{-4}$ | 150 |
| B4 | $-35,62$ | $1,84 \cdot 10^{-4}$ | $4,29 \cdot 10^{-4}$ | 150 |
| B5 | $-32,16$ | $3,19 \cdot 10^{-4}$ | $4,48 \cdot 10^{-4}$ | 60 |
| B6 | $-33,90$ | $2,77 \cdot 10^{-4}$ | $3,8 \cdot 10^{-4}$ | 60 |
| B7 | $-32,96$ | $2,52 \cdot 10^{-4}$ | $4,61 \cdot 10^{-4}$ | 150 |
| C8 | $-50,99$ | $6,54 \cdot 10^{-4}$ | $1,88 \cdot 10^{-3}$ | 60 |
| C9 | $-52,5$ | $3,0 \cdot 10^{-4}$ | $1,35 \cdot 10^{-3}$ | 60 |
| C10 | $-52,47$ | $3,08 \cdot 10^{-4}$ | $1,51 \cdot 10^{-3}$ | 60 |
| C11 | $-52,68$ | $3,05 \cdot 10^{-4}$ | $1,25 \cdot 10^{-3}$ | 60 |
| D12 | $-55,29$ | $3,42 \cdot 10^{-4}$ | $1,09 \cdot 10^{-3}$ | 60 |
| D13 | $-55,61$ | $4,22 \cdot 10^{-4}$ | $1,28 \cdot 10^{-3}$ | 60 |
| D14 | $-54,54$ | $4,76 \cdot 10^{-4}$ | $1,46 \cdot 10^{-3}$ | 60 |
| D15 | $-53,04$ | $5,39 \cdot 10^{-4}$ | $1,43 \cdot 10^{-3}$ | 60 |

Tabelle 5.1.: Ergebnisse aus Versuchen mit PPTTPP

## 5.3. Referenzmesswerte mit Pentacen

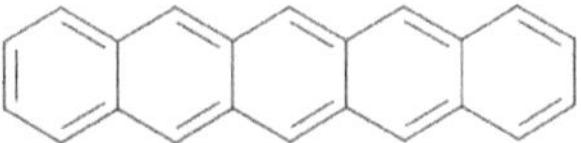

Abbildung 5.3.1.: chemische Struktur von Pentacen

Um Referenzmesswerte zu erhalten, wurden vor den Versuchen mit den zu untersuchenden organischen Halbleitern ein Versuchsdurchlauf mit Pentacen durchgeführt und
ausgewertet. In der Tabelle 5.2 sind die Kenngrößen der Kennlinien von vier OFETS
dargestellt, die mit Pentacen unter Verwendung des thermischen Aufdampfverfahrens
hergestellt wurden. Bei einem $\frac{\omega}{l}$—Verhältnis von 150 ergaben sich Ladungsträgerbeweglichkeiten $\mu_{wid}$ von etwa $2 \cdot 10^2$ $cm^2V^{-1}s^{-1}$ und $\mu_{sat}$ von etwa $4 \cdot 10^2$ $cm^2V^{-1}s^{-1}$. Die
Einsatzspannung $U_{Th}$ lag bei allen OFETs bei ungefähr $-48$ V.
Diese Ergebnisse werden für den Vergleich mit den untersuchten organischen Halbleitern
in Kapitel 5.4 herangezogen.

| Transistor | $U_{Th}$ in [V] | $\mu_{wid}$ in $\left[\frac{cm^2}{Vs}\right]$ | $\mu_{sat}$ in $\left[\frac{cm^2}{Vs}\right]$ | $\frac{w}{l}$ −Verhältnis |
|:---:|:---:|:---:|:---:|:---:|
| 1 | $-45,5$ | $2,50 \cdot 10^{-2}$ | $3,60 \cdot 10^{-2}$ | 150 |
| 2 | $-45,65$ | $2,22 \cdot 10^{-2}$ | $4,39 \cdot 10^{-2}$ | 150 |
| 3 | $-52,07$ | $1,22 \cdot 10^{-2}$ | $3,16 \cdot 10^{-2}$ | 150 |
| 4 | $-50,57$ | $2,0 \cdot 10^{-2}$ | $5,1 \cdot 10^{-2}$ | 150 |

Tabelle 5.2.: Ergebnisse aus Versuchen mit Pentacen

## 5.4. Ergebnisvergleich zwischen Pentacen und verwendeten Halbleitern

Vergleicht man die Werte der Ladungsträgerbeweglichkeiten in Tabelle 5.2 mit denen in der Tabelle 5.1, so stellt man fest, dass zwischen den Ergebnissen von Pentacen und PPTTPP Unterschiede im Bereich von $1-2$ Größenordnungen auftreten. Die Ladungsträgerbeweglichkeiten von PPTTPP liegen deutlich unter denen von Pentacen.

Auf den Grafiken 5.4.1 und 5.4.2 sind die Abweichungen der Ladungsträgerbeweglichkeiten der Chargen von PPTTPP denen von Pentacen gegenübergestellt. Die farbigen horizontalen Striche markieren den Mittelwert der Ladungsträgerbeweglichkeit der zugeordneten Charge und die vertikalen Balken geben die maximal aufgetretenen Abweichungen zum Mittelwert an.

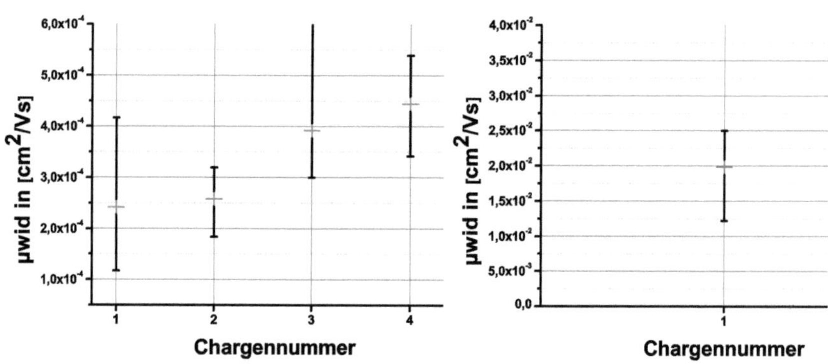


Abbildung 5.4.1.: Abweichungen $\mu_{wid}$ , links PPTTPP und rechts Pentacen

Die Abweichungen sind teilweise beträchtlich und in einer einzigen Charge treten relativ große Schwankungen auf. Dies kann daran liegen, dass beim thermischen Aufdampfverfahren nicht alle OFETs den gleichen Bedingungen unterlagen. Das Ziel weiterer Versuche sollte es also auch sein, dass man versucht die Versuchsparameter so genau wie möglich einzugrenzen und darauf achtet, dass alle Proben den gleichen Versuchsbedingungen unterliegen, um weniger Schwankungen in den Ergebnissen zu erzeugen. Des Weiteren können die Schwankungen auch daraus resultieren, dass die Auswertung der Kennlinien nicht ausreichend genau durchgeführt wurde. Auswertungsfehler dieser Art lassen sich eventuell minimieren, indem man z.B. die lineare Anpassung, die durch Origin8 durchgeführt wird, mit einem anderen Programm ausführt oder die Anpassung ohne Programm realisiert.

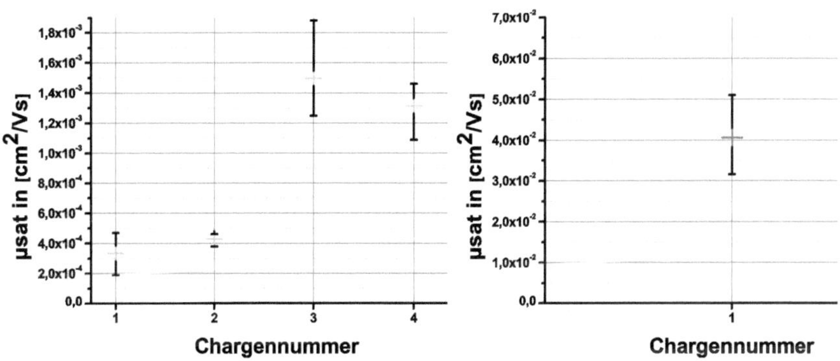


Abbildung 5.4.2.: Abweichungen $\mu_{sat}$, links PPTTPP und rechts Pentacen

Der Literaturwert der Ladungsträgerbeweglichkeit von PPTTPP liegt bei etwa $1,0\ cm^2V^{-1}s^{-1}$. Allerdings ist dieser Wert bei Versuchen mit kristallinen PPTTPP erreicht worden und liegt deshalb deutlich über den Ergebnissen, die man mit Hilfe des thermischen Aufdampfverfahrens ohne Auskristallisierung des organischen Halbleiters erzielt wurden [17]. Wie bereits im Kapitel 1.1 beschrieben, zeigen reine kristalline Strukturen höhere Ladungsträgerbeweglichkeiten, allerdings können diese bei organischen Halbleitern wie PPTTPP nur mit aufwendigen Verfahren erzeugt werden.

Dementsprechend sind die Ergebnisse der Versuche mit PPTTPP so einzuordnen, dass die OFETs, die unter den Bedingungen des Labors der Elektronikprofessur hergestellt wurden, bezüglich der Ladungsträgerbeweglichkeiten einen ausreichend hohen Güte- und

Verwendungsgrad erreichten und zeigen, dass PPTTPP für weitere Versuche als organischer Halbleiter in Frage kommt. Des Weiteren mag zwar die Ladungsträgerbeweglichkeit sehr viel geringer sein als die von Pentacen, aber PPTTPP ist bezüglich des Einkaufspreises deutlich günstiger. Zum Vergleich: Pentacen ist etwa vier Mal so teuer wie PPTTPP bei der gleichen Menge an organischem Halbleiter, dies kann auf Anbieterseiten überprüft werden [18]. Deshalb lohnt es sich für Versuche, bei denen es weniger auf die Ladungsträgerbeweglichkeit des organischen Halbleiters ankommt, PPTTPP zu verwenden.

# 6. Zusammenfassung und Ausblick

Ziel der vorliegenden Arbeit sollte das Aufzeigen von alternativen organischen Halbleitern für den Laborbetrieb an der Professur für Elektronik an der HSU sein. Aus diesem Grund wurden im Zuge der Arbeit mehrere organische Halbleiter getestet und OFETs mittels verschiedener Verfahren hergestellt. An dieser Stelle muss angemerkt werden, dass funktionierende OFETs nur mit Hilfe des thermischen Aufdampfverfahrens und dem organischen Halbleiter PPTTPP realisiert werden konnten. Im Anschluss an die Herstellung fand die Aufnahme der Kennlinien und, insofern dies möglich war, deren Charakterisierung statt.

Anhand der Kennlinien kann man feststellen, dass sich 9,10-Bis[(triisopropylsilyl) ethynyl] anthracen (TIPSANT) als organischer Halbleiter für OFETs als ungeeignet herausgestellt hat. Sowohl mithilfe Spincoating-Verfahren als auch unter Anwendung des thermischen Aufdampfens sind keine verwertbaren Dünnschichttransistoren entstanden, deren Kennlinien hätten ausgewertet werden können. Selbst mehrere Variationen im Halbleiter- Lösungsmittelverhältnis oder den Einstellungen der Aufdampfanlage erzeugten keine deutlichen Veränderungen bei den Messergebnissen.

Ebenfalls ungenügend waren die Messergebnisse des organischen Halbleiters Anthracen. Die größte Problematik stellte die geringe bis gar nicht vorhandene Sichtbarkeit des Stoffes auf der Oberfläche des Substrats dar. Anthracen war optisch weder nach dem Spincoating- Verfahren, noch nach dem thermischen Aufdampfen zu erkennen. Eine Analyse unter Zuhilfenahme des Oberflächenprofilometers machte deutlich, dass keine nennenswerte Schichtdicke nach beiden Verfahren entstanden war. Wie in diesem Fall zu erwarten, zeigten die hergestellten Transistoren auch kein typisches Kennlinienverhalten und erzeugten keine verwertbaren Daten für die Bestimmung einer Ladungsträgerbeweglichkeit. Diese Beobachtungen decken sich mit der Feststellung, dass Anthracen auf Grund seiner zu geringen $\pi$-Systemgröße, keine Transistoreigenschaften besitzt [6].

Als vielversprechend hat sich 5,5-Di(4-biphenylyl)-2,2-bithiophen (PPTTPP) erwiesen. Die durchgeführten Messungen bestätigen, dass PPTTPP sich als organischer Halbleiter für OFETs eignet und eine mögliche Alternative zu Pentacen und P3HT darstellt. Mit

Hilfe des thermischen Aufdampfens sind akzeptable Ergebnisse erzielt worden. OFETs unter Verwendung des Spincoating- Verfahrens herzustellen scheiterte an einem fehlenden geeigneten Lösungsmittel, deshalb kann hierüber keine Aussage getroffen werden. Optimierungsbedarf besteht allerdings weiterhin bei der Schichtdicke des organischen Halbleiters. Die Schichtdicken des organischen Halbleiters eines Dünnschichttransistors liegen üblicherweise bei $\leq 100$ nm, da ansonsten keine Sättigung des Stromes erreicht wird [16]. Die in den Herstellungsprozessen erreichten Schichtdicken sind zu groß und liegen bisher im Bereich von $200 - 400$ nm, deshalb bedarf es diesbezüglich weiterer Versuche und Verbesserungen.

# A. Versuchsparameter

## Versuche mit TIPSANT

### Spincoating- Verfahren

TIPS- Anthracen wurde für alle Versuche dieses Verfahrens in Toluol gelöst.

| Versuchsnr. | Lösung | OFETs | Spincoater | Kanallänge | Ausheizen |
|---|---|---|---|---|---|
| 1 | $0,5\,\%$ | $1-4$ | 1. 800 rpm für 20 s<br>2. 2000 rpm für 30 s | 10 µm | 8 h bei<br>80°C |
| 2 | $0,5\,\%$ | $5-8$ | 1. 500 rpm für 20 s<br>2. 1100 rpm für 30 s | 10 µm | 8 h bei<br>80°C |
| 3 | $1\,\%$ | $9-12$ | 1. 500 rpm für 20 s<br>2. 1100 rpm für 30 s | 10 µm | 8 h bei<br>80°C |
| 4 | $1\,\%$ | $13-14$ | 1. 800 rpm für 20 s<br>2. 2500 rpm für 30 s | 10 µm | 8 h bei<br>120°C |
| 4 | $1\,\%$ | $15-16$ | 1. 800 rpm für 20 s<br>2. 2500 rpm für 30 s | 25 µm | 8 h bei<br>150°C |

### Thermisches Aufdampfverfahren

| Versuchsnr. | OFETs | Menge Quell-material | Aufdampf-zeit | Schicht-dicke | Strom-stärke | Zusatz |
|---|---|---|---|---|---|---|
| 5 | $17-20$ | 3 mg | 5 : 00 min | 120 nm | 1,8 A | - |

# Versuche mit Anthracen

## Thermisches Aufdampfverfahren

| Versuchsnr. | OFETs | Menge Quell- material | Aufdampf- zeit | Schicht- dicke | Strom- stärke | Zusatz |
|---|---|---|---|---|---|---|
| 6 | 21 − 24 | 3, 5 mg | 5 : 50 min | - | 1, 8 A | - |
| 7 | 25 − 28 | 8 mg | 19 : 50 min | - | 1, 9 A | - |

## Spincoating- Verfahren

Anthracen wurde für alle Versuche dieses Verfahrens in Toluol gelöst.

| Versuchsnr. | Lösung | OFETs | Spincoater | Kanallänge | Ausheizen |
|---|---|---|---|---|---|
| 8 | 1 % | 29 − 32 | 1. 800 rpm für 20 s<br>2. 2500 rpm für 30 s | 10 µm | 8 h bei<br>80°C |

# Versuche mit PPTTPP

## Thermisches Aufdampfverfahren

| Versuchsnr. | OFETs | Menge Quell- material | Aufdampf- zeit | Schicht- dicke | Strom- stärke | Zusatz |
|---|---|---|---|---|---|---|
| 9 | 9 − 12 | 9 mg | 14 : 00 min | 350 nm | 2 A | density: 21 |
| 10 | 13 − 16 | 4, 5 mg | 3 : 18 min | 400 nm | 2 A | density: 21 |
| 11 | 17 − 20 | 2, 5 mg | 3 : 43 min | 300 nm | 2 A | density: 21 |
| 12 | 33 − 36 | 3, 5 mg | 1 : 00 min | 250 nm | 2 A | density: 21 |

# B. Einstellungen am Parameter Analyzer

Es ist anzumerken, dass die Einstellungen unter der Voraussetzung angewendet wurden, dass es sich bei den untersuchten OFETs um p-Kanal OFETs handelte.

## Einstellungen des Parameter Analyzer für Ausgangskennlinien

| $U_{GS}$ Start | $U_{GS}$ Stop | Schritt-weite | $U_{DS}$ Start | $U_{DS}$ Stop | Schritt-weite | Delay | Hold |
|---|---|---|---|---|---|---|---|
| +20 V | −80 V | −20 V | +20 V | −80 V | −5 V | 100 ms | 3 s |

## Einstellungen des Parameter Analyzer für Übertragungskennlinien

| $U_{GS}$ Start | $U_{GS}$ Stop | Schritt-weite | $U_{DS}$ Start | $U_{DS}$ Stop | Schritt-weite | Delay | Hold |
|---|---|---|---|---|---|---|---|
| +20 V | −80 V | −5 V | +20 V | −80 V | −20 V | 100 ms | 3 s |

# Literaturverzeichnis

[1] *The Nobel Prize in Chemistry 2000*, Information for the public, S. 1ff, March 2009, http://nobelprize.org

[2] KEUL, JAN: *Untersuchung geeigneter synthetischer, polymerer Isolatoren zur Herstellung organischer Feldeffekttransistoren*, Helmut-Schmidt-Universät/ Universität der Bundeswehr Hamburg, S.1ff, Bachelorarbeit 2010

[3] VOSS, DAVID: *Cheap and cheerful circuits*, Nature, VOL. 407, S.2, September 2000, www.nature.com

[4] FIX, WALTER: *Elektronik von der Rolle*, Physik Journal 7, Nr.5, S.49f, WILEY-VCH- Verlag, 2008

[5] DEIBEL, CARSTEN & DYAKONOV, VLADIMIR: *Sonnenstrom aus Plastik*, Physik Journal 7, Nr.5, S.50, WILEY-VCH- Verlag, 2008

[6] YAMASHITA, YOSHIRO: *Topical Review: Organic semiconductors for organic field-effect transistors*, Science and technology of advanced materials, No.10, S.1ff, July 2009

[7] STEUDEL, RALF: *Chemie der Nichtmetalle*, S.3ff, de Gruyter Lehrbuch, Berlin, 1973, ISBN 3110036304

[8] http://de.wikipedia.org/wiki/Benzol, aufgerufen am 16.01.2012

[9] HOROWITZ, GILLES: *Organic Transistors*, in: KLAUK, HAGEN: *Organic Electronics*, S.1ff, WILEY-VCH, Weinheim, 2006, ISBN 3527312641

[10] GÖBEL, HOLGER: *Einführung in die Halbleiter-Schaltungstechnik*, S.111ff, 3.Auflage, Springer, Heidelberg, 2008, ISBN 9783540692881

[11] MEIXNER, RONALD M.: *Herstellung und Charakterisierung wellenlängenselektiver organischer Feldeffekttransistoren*, Helmut-Schmidt-Universität / Universität der Bundeswehr Hamburg, Dissertation, S.15ff, 2007

[12] DAE SUNG CHUNG et al.: *High mobility organic single crystal transistors based on soluble triisopropylsilylethynyl anthracene derivatives*, Journal of Materials Chemistry, No.20, S.524, 2010

[13] Agilent Technologies, Agilent EasyEXPERT User's Guide: Measurement und Analysis, Edition 5, 2008

[14] DIMITRAKOPOULES, C.D. & MASCARO, D.J.: *Organic thinfilm transistors: A review of recent advances*, IBM J. RES. & DEV., VOL. 45 NO. 1, S.15ff, January 2001

[15] WOLFF, KARSTEN: *Integrationstechniken für Feldeffekttransistoren mit halbleitenden Nanopartikeln*, S.50, 1.Auflage, VIEWEG+TEUBNER, Wiesbaden, 2011, ISBN 9783834817679

[16] LINDNER, THOMAS: *Organische Feldeffekt-Transistoren: Modellierung und Simulation*, Technische Universität Dresden, S.6ff, Dissertation 2005

[17] KJELSTRUP-HANSEN, JAKOB et al.: *Charge transport in oligo phenylene and phenylene–thiophene nanofibers*, Organic Electronics, VOL. 10, Issue 7, S.1228ff, Elsevier, Amsterdam, November 2009, ISSN 1566-1199

[18] http://www.sigmaaldrich.com/germany.html, aufgerufen am 20.01.2012